U0160046

教育部人文社会科学研究青年基金项目（15YJC720030）成果

气候变化伦理问题研究

QIHOU BIANHUA LUNLI WENTI YANJIU

◎ 徐保风　著

厦门大学出版社
XIAMEN UNIVERSITY PRESS
国家一级出版社
全国百佳图书出版单位

图书在版编目（CIP）数据

气候变化伦理问题研究 / 徐保风著 . —厦门：厦门大学出版社 , 2020.9
ISBN 978-7-5615-7803-2

Ⅰ.①气… Ⅱ.①徐… Ⅲ.①气候变化－伦理学－研究 Ⅳ.① P467 ② B82-058

中国版本图书馆 CIP 数据核字 (2020) 第 088936 号

出 版 人　郑文礼
责任编辑　林　鸣
封面设计　李惠英

出版发行　厦门大学出版社
社　　址　厦门市软件园二期望海路 39 号
邮政编码　361008
总 编 办　0592-2182177　0592-2181406（传真）
营销中心　0592-2184458　0592-2181365
网　　址　http://www.xmupress.com
邮　　箱　xmup@xmupress.com
印　　刷　湖南省众鑫印务有限公司

开本　710 mm×1 000 mm　1/16
印张　13.5
字数　206 千字
版次　2020 年 9 月第 1 版
印次　2020 年 9 月第 1 次印刷
定价　78.00 元

厦门大学出版社
微信二维码

厦门大学出版社
微博二维码

徐保风　1979年12月出生，河南新郑人，2014年毕业于湖南师范大学道德文化研究院，获哲学博士学位，现为中南林业科技大学期刊社社科学报编辑部主任，副研究员。长期关注生态伦理、道德教育和编辑伦理等问题，主要从事生态伦理学和气候变化伦理问题等领域的研究。先后主持教育部人文社会科学研究青年基金项目、湖南省社会科学基金项目、湖南省教育厅基金项目等多项课题，参与国家社会科学基金项目、省部级基金项目多项。以第一作者的身份在《伦理学研究》《湖南大学学报（社会科学版）》等CSSCI来源期刊、核心期刊及省级刊物上公开发表学术论文近30篇，其中气候变化伦理方面的论文10余篇。

前　言

2009 年，气候变化成了人们最为关注的事件之一[①]。干旱、台风等诸多气象灾害影响和改变了许多人的命运，这一切让人们突然意识到：气候变化不是危言耸听，不是"狼来了"，它真真切切就在我们身边。气候变化不仅仅是一个科学问题，更是一个涉及多学科，横贯文、理、工，跨越几千年的综合性问题。本研究期望能在理论和实践上具有一定的社会意义：在理论上，能够开辟一个新的研究领域，拓展、加深对应用伦理学，尤其是环境伦理、生态伦理的研究，更重要的是，力图建立一个具有中国特色、符合发展中国家根本利益的价值体系，为中国政府关于气候变化的基本立场和政策提供理论上的支撑；在实践上，能够应用于气候变化应对，包括调整人们的环境观念，使人们树立环

[①] 2009 年世界气象日（3 月 23 日）的主题是"天气、气候和我们呼吸的空气"。2009 年 7 月 8 日召开的八国集团峰会把"气候变化问题"作为最重要的议题之一。八国集团成员发表声明表示：八国愿意同所有国家一道，到 2050 年使全球温室气体排放量至少减少 50%，并以工业化前的水平为基准，将全球温度的升幅控制在 2℃内。2009 年 9 月 22 日，目的在于推动国际社会在气候变化大会上达成有效协议的联合国气候变化峰会召开，胡锦涛同志发表了题为《携手应对气候变化挑战》的重要讲话，并表示中国将在 2020 年前大幅度降低二氧化碳排放强度。这表明，作为最大的发展中国家，中国向世界展示出了应对全球变暖的决心。2009 年 11 月 17 日，"气候门"事件引发广泛关注。从 2009 年 4 月到 11 月，联合国先后在各地组织了 5 次气候变化谈判以确保联合国气候变化大会取得成果。2009 年 12 月 7 日至 18 日，《联合国气候变化框架公约》第 15 次缔约方会议暨《京都议定书》第 5 次缔约方会议在哥本哈根召开，这次会议就 2012 年后全球温室气体减排做出了安排。

保意识，引导新的生产方式——低碳经济的发展，同时为人们提供一种绿色生活方式的可能，从而促进社会的良性运作和健康发展。

本书分为上篇和下篇两部分。

上篇的重点是分析气候变化问题中的伦理问题。气候变化是什么？如何看待气候变化中的人为作用和影响？气候变化问题对人类社会有何影响？气候变化何以成为问题？气候变化是一个什么样的问题？国际社会对气候变化如何应对？对这些问题的回答就是我们从伦理学的维度去研究气候变化问题的大背景，也是本书第一章要讲的内容。本书的第二、三、四章分别从利益冲突、共同责任与区别责任、权利和义务等切入点去分析气候变化应对中的伦理问题。以全球气候变暖为主要特征的全球气候变化已成为客观事实，它是环境问题，但其根本上是发展问题。国家与地区间的利益冲突是气候变化问题得不到有效解决的根本原因。表面上看，利益冲突的核心集中在对气候变化问题责任的承担以及缓解和适应气候变化需要的资金与技术的援助上，但其根本的问题在于发达国家看待问题时缺乏一种历史性，人们对气候问题的严峻性和人类生态的相互依存性没有深刻的认识。气候变化反过来拷问世界共同利益，全世界人类都生活在一个生态上相互依存的社会中，全球利益决定了国际气候合作的必然性，公平与效率是国际气候合作的焦点。虽然已有可靠的证据表明气候变化是人类活动造成的结果，但是如何将这项因素纳入政策，目前国际上很难达成共识，这个难点的关键就是对造成气候变化的责任的确定。"共同但有区别的责任"原则是应对气候变化的基本原则，它体现了公正原则和历史责任原则，认为可持续发展是人类的共同责任，还从现实的角度考虑到了发达国家和发展中国家的现实减排空间和能力。第四章主要谈论上述责任问题。人类的生存与自然的生存是平等的。换句话说，人类享用自然就必须履行维护自然的义务。在应对气候变化的进程中，发展中国家的发展权必须得到充分和有效的保障，出于遵循"谁污染，谁付费"原则和对自身利益的维护，发达国家有向发展中国家提供资金、信息、技术、基础设施和社会保障等的义务。人类实现当代人发展权的同时，不能忽视后代人的生存和发展。人类在生产生活中对这些权利与义务的关系造成的不对称导致了气候变化的危机现状。可持续发展是协调权利与义务平衡的积极尝试，它要求社会发展遵循公平性原则、可持续性原则及和谐原则。从实践的指导上来看，它更加重视的是人与自然的协调共生，人与人的平等性尤其是代际平等性，对平等原则的贯彻有轻横向、重纵向的倾向。

下篇谈论的是气候变化问题的伦理应对问题。气候变化问题的本质是人类发展的问题，在应对气候变化问题的对策中，平等问题已经远远超越发达国家与发展中国家的界限。为了达成区域利益和全球利益、共同责任和区别责任、权利和义务在公平意义上的平衡状态，人类社会在发展过程中应该对平等发展和可持续发展二者兼顾。不平等的发展绝不是可持续的发展。人类社会的发展不光要纵向平等，也要横向平等。如果我们只是纠结于代际公正而不把代内公正作为基础和起点，就会严重违反普遍性原则，并且气候代内公正问题不解决，当代人就不可能自觉地去关注气候代际公正问题，更难以在实践上真正地解决气候代际公正问题。气候公正是解决气候变化问题的最终诉求，气候公正是基于平等的可持续发展。践行气候公正，需要有约束力的国际协定与之相呼应。实现气候公正需要世界各国对全球气候危机有一种义无反顾的责任感，以及承担这项责任的决心和恒心。气候变化问题已经不仅仅是一个生态问题，而是逐渐渗透到经济、政治等和人类命运相关的各个领域，成为一个真正意义上的全球问题。解决全球问题，需要全球的共同价值观来指导。人类命运共同体思想契合全球气候公正的伦理诉求，构建全球气候公正是人类命运共同体价值观念深入人心的重要表现形式，人类命运共同体理念是构建全球气候公正的重要保障。构建人类命运共同体的理念是在扬弃西方近代文明、继承包容性的发展理念的基础上对其进行深化和丰富而得来的；人类命运共同体这一全球价值观包含相互依存的共同利益观、可持续发展观和全球治理观，蕴含丰富的伦理价值。应对气候变化的具体战略之所以出现得如此繁复，是因为它直接涉及国家经济结构的核心。以习近平总书记为核心的党中央给我们选择了一条既合人类目的又合自然规律的生态发展新路。自党的十八大以来，习近平总书记无论是外出调研还是参加中共中央政治局的集体学习，都反复强调生态文明建设的重要性，他所提出的生态文明建设理念深入人心。这一理念作为建设生态文明和美丽中国的重要组成部分列入了我国的发展规划之中，也是我国重视气候变化应对工作的具体行动指南。中国应对气候变化的发展理念是习近平生态文明思想题中应有之义，中国应对气候变化的新态势是习近平生态文明思想在气候应对领域的生动展现。二者共同体现了我国生态文明的发展程度。习近平生态文明思想契合气候公正的伦理诉求，为实现人与自然的高度和谐发展状态提供了理论基础和制度实践的可能性。在世界气候谈判中，中国经历了由积极参与到积极倡议的历程。第五章到第七章分别从人类命运共同体思想与气候公正、普惠性人类发展与气候公正、气候公正是基于平等的可持续发展几个角度论证了气候公正是气候变化问题的最终诉求。第八章结合全球范围的气候变化进行讨论，提出我国应对气候变化的伦理体系的建构势在必行。

作者

2020 年 5 月

目　　录

上篇　气候变化中的伦理问题

第一章　"气候变化"何以成为一个伦理问题 ················ 3

　　第一节　气候变化是一个"全球问题" ················ 3

　　第二节　气候变化最终成为一个伦理问题 ············ 14

第二章　区域利益与全球利益 ························ 24

　　第一节　利益冲突：气候公正的主要障碍 ············ 24

　　第二节　气候变化拷问世界共同利益 ··············· 35

第三章　共同责任与区别责任 ························ 46

　　第一节　共同责任与区别责任的概念和内涵 ·········· 47

　　第二节　"共同但有区别的责任"原则 ·············· 55

第四章　权利与义务 ······························· 66

　　第一节　气候变化问题中的生存权、发展权和环境权 ··· 66

　　第二节　权利与义务不对称：造成气候变化危机现状的根本原因 ······ 74

　　第三节　权利与义务的平衡尝试：可持续发展 ········ 88

本篇小结 ·· 96

下篇 气候公正：气候变化问题的最终诉求

第五章 人类命运共同体思想与气候公正 ············· 102

第一节 人类命运共同体思想契合全球气候公正的伦理诉求 ········ 102

第二节 全球气候公正是人类命运共同体思想实践的重要领域 ····· 104

第三节 人类命运共同体思想是促进全球气候公正构建的重要保障 ··· 106

第六章 普惠性人类发展与气候公正 ·············· 109

第一节 气候公正与人类发展 ················ 109

第二节 普惠性人类发展契合气候公正的伦理诉求 ········ 120

第三节 普惠性人类发展为气候公正的实现提供新视角 ········ 123

第七章 气候公正：基于平等的可持续发展 ·············· 129

第一节 气候公正是解决气候变化问题的最终诉求 ········ 129

第二节 气候公正的实践 ················ 138

第八章 我国气候变化伦理体系的构建势在必行 ·············· 156

第一节 我国应对气候变化的理念与习近平生态文明思想 ······· 156

第二节 我国生态伦理体系的构建 ··············· 165

本篇小结 ······························ 182

结 语 ······························ 184

参考文献 ···························· 186

上篇

气候变化中的伦理问题

气候变化是 21 世纪人类面对的最严峻的挑战之一。它不仅是公众和媒体谈论的话题，也是学术界诸多领域的研究热点。国际科学界最先提出并始终推动着气候变化问题的研究。随着气候变化问题在全球的关注度的提升，它经历了从科学、经济学和政治学争论到伦理学争论的历程。为什么气候变化问题中饱含伦理论争？它何以成为一个伦理问题？它涉及哪些伦理问题？从伦理学的角度分析造成当前气候变化问题的原因，以及当前应对气候变化问题的困境，并对这些原因和困境做伦理学维度的批判，是本书上篇要解决的问题。当然，在应对气候变化问题的努力中，我们肯定会考虑古今中外的相关理论和实践经验。为了使这些理论和经验能更好地适应发展中国家应对气候变化的立场和语境，我们需要用辩证发展的眼光来对待它们。

本篇主要是从伦理学的角度分析造成当前气候变化问题的原因，以及当前应对气候变化问题的困境，并对这些原因和困境做伦理学维度的批判。在以上研究的基础上，总结在应对气候变化问题时国际社会应该坚持的根本目标和伦理原则，提出应对气候变化的伦理诉求——实现气候公正，这是体现气候变化伦理的重要部分。气候公正是应对气候变化问题的伦理诉求，它不能仅仅停留在理论和概念上，而应该有具体内涵和翔实的内容作为支撑。其可行性的论证也是研究气候变化伦理，使其与现实语境相结合的重要内容。实践气候公正，也就是实践基于平等的可持续发展观的现实条件与基本途径，这是实践气候变化伦理思想的现实基础与具体方式。

上篇涉及的基本观点主要包括：以全球气候变暖为主要特征的全球气候变化已成为客观事实，它是环境问题，根本上却是发展问题；国家与地区间的利益冲突是气候变化问题得不到有效解决的根本原因；气候变化危及全球利益，同时也在拷问全球利益，全球利益决定了国际气候合作的必然性；公平与效率是国际气候合作的焦点；公平问题首先涉及的是责任承担的公平公正，"谁污染，谁付费"原则决定了人们对于气候变化承担着共同但有区别的责任，"共同但有区别的责任"原则是应对气候变化的基本原则；权利与义务的不对称造成了气候变化危机的现状，可持续发展作为协调二者平衡的尝试有利有弊；在应对气候变化问题时，为了达成区域利益和全球利益、共同责任和区别责任、权利和义务在公平意义上的平衡状态，需要人类社会在发展过程中做到平等和可持续性发展二者兼顾。

第一章 "气候变化"何以成为
一个伦理问题

看到"气候变化伦理"这个标题,对气候变化问题未曾深入了解的朋友可能会有几个疑问:气候变化是一个问题吗?"气候变化伦理"是不是有些生搬硬套?气候变化伦理无非就是环境伦理的延伸,讲气候变化伦理无非是借着"气候"这个新名词去谈环境,有专门研究的必要吗?以上这些问题可以归纳为一个问题:气候变化何以成为一个伦理问题?在这一章,我们就来回答这几个问题:气候变化是一个"全球问题"吗?气候变化何以成为"伦理问题"?

第一节 气候变化是一个"全球问题"

"全球问题"这个说法最早是由罗马俱乐部提出的,特指"环境污染""资源枯竭""人口膨胀"等威胁人类生存和发展的问题[①]。气候变化影响着全球人

....

[①] 1972年,罗马俱乐部推出《增长的极限》一书,在全世界引起强烈的反响,该书被列入第31届联合国会议文件。全书以人口、工业产量、资源、粮食、污染等为主要研究对象,考察它们之间的相互作用和相互依赖关系,建立了一个全球分析模型。书中明确指出:"在世界人口、工业化、污染、粮食生产和资源消耗方面,如果按现在的趋势继续下去,我们人类所在的地球的增长极限有朝一日会在今后100年中发生。最可能的结果将是人口和工业生产两者出现相当突然的和不可控制的衰退。"从此,"环境污染""资源枯竭""人口膨胀"等威胁人类生存和发展的问题就被称为"全球问题"。

的生活，甚至已经严重威胁人类的生存和发展，称其为"全球问题"一点也不为过。研究气候变化伦理问题，首先要弄清楚气候变化问题到底是什么样的问题，通过事实、数据等阐述它为什么会成为当前社会关注的热点问题。这是研究气候变化伦理学的科学基础，更是研究气候变化伦理学不可回避的起点。

一、气候、气候变化及其影响和趋势

天气变化无时不在发生，并且是我们生活中的重要组成部分。一个地区的气候是一个时期（如几个月、一个季节或者几年）的平均天气情况。气候是不断变化的，称为气候变化（秦大河等，2009）。气候变化我们是非常熟悉的，例如，我们把夏天说成湿润或者干燥的，冬天是温和、冷的或者多风暴的，这就说明气候一年四季都是在变化的。像世界上许多国家一样，英伦三岛的气候没有任何一季与上一季是相同的，或者，不会与任何过去的季节相同，以后也不会完全再现，这是英伦三岛的气候变化。我们认为这些变化大部分是理应出现的，且为我们的生活增添了许多趣味。全球气候变化包括全球气候变暖、酸雨、臭氧层破坏三方面，其中全球气候变暖因为对人类产生了极大的负面影响而备受关注。

在《联合国气候变化框架公约》（*United Nations Framework Convention on Climate Change*，以下简称"《框架公约》"）第1条中，"气候变化"与"气候的自然变异"被区分开来。"气候变化"这个术语被用来专指"由于直接或间接的人类活动改变了地球大气的组成而造成的气候变化"，而"在类似时期内所观测的气候的自然变异"，不属于气候变化的范畴。根据这个定义，结合全球气候变暖相关知识，作为本书关键词之一的"气候变化"就是"由于直接或间接的人类活动改变了地球大气的组成而造成的气候变化"。那么当前地球的气候变化是什么样的呢？作为衡量全球气候状况的常用指标，全球平均气温向我们揭示了一些重要信息：自工业时代以来，全球平均气温已经上升了0.7℃

左右；全球平均温度正在以每 10 年 0.2℃ 的速度升高（UNDP，2007）。也就是说，全球正在变暖，且这个趋势正在加剧。

随着全球气温的上升，局部降雨格局正在发生变化，生态带正在逐渐转移，海洋日益变暖，冰盖不断融化。虽然气候格局和现存社会经济脆弱性之间相互作用的结果不同，人类发展所受的影响也不同，但可以确定的是，下面这几个因素尤其能够增加气候变化带给人类的风险：农业生产力下降、用水加剧、沿海洪灾和极端天气日益频繁、生态系统瓦解和健康风险加大等。由于气候变化对农业和粮食安全的影响，到 21 世纪 80 年代，相对于没有气候影响的情况而言，严重营养不良人口将增加 6 亿。一旦气温升高超过 2℃（以工业化之前的平均温度为基础，危险性气候变化的约定阈限确定为超过工业化之前水平 2℃，下同），全球水资源分布将发生根本变化，冰山融化后，先是洪涝灾害更加严重，之后将是各大河系的水流减少，而这些减少了水流的河系却是世界各地重要的灌溉之源。在拉丁美洲（尤其是安第斯地区），热带冰河的加速融化将威胁城市人口、农业和水力发电的供水，到 2080 年，气候变化将导致全球缺水人口增加 18 亿。旱涝灾害增多是与气候相关的灾难越来越多的主要原因，如果温度上升超过 2℃，海洋将继续升温，并引起更严重的热带气旋，相应地，旱情也将进一步加剧，以致威胁人们的生活并阻碍人类改善健康和营养的进程。根据预测，如果温度上升超出 2℃ 的临界值，所有物种灭绝的速度都将提高；当温度上升达到 3℃ 时，20% ~ 30% 的物种将处于灭绝的高危险境。同时，气候变化将从各方面影响人类健康：全球感染疟疾人口将增加 2.2 亿 ~ 4 亿，撒哈拉以南非洲地区人口的感染风险率将提高 16% ~ 28%。并且，我们还不能孤立地看待这些促使人类发展倒退的因素，农业生产力下降、用水加剧、沿海洪灾和极端天气日益频繁、生态系统瓦解和健康风险加大是气候变化的结果，它们同时还要继续相互作用并产生出新的更为严重的后果，再加上现存的人类发展问题，最终这些因素将导致人类发展水平螺旋式下降。这一问题在很多国家已经初露端倪，在有些国家甚至是显而易见了。更严重的是，一旦跨越了2℃的临界值全球气候变暖就会发生质的变化，生态、社会和经济将遭受更大的破坏（UNDP，2007）。正是因为如此，全社会才会屡屡被提醒"人类已进入气候变化加速的时代"。

中国气候变暖趋势与全球基本一致（罗勇，2008）。整体来讲，中国地表平均温度在升高，且北方增暖大于南方，冬春季增暖大于夏秋季；降水分布格局也发生了明显变化，西部、华南地区降水增加，而华北和东部大部分地区降水却明显减少，频繁出现"南涝北旱"现象；极端气候事件的发生频率和强度变化也相当明显，主要表现为夏季高温热浪天气增多，区域性干旱加剧，强降水增多。我国是全球气候变暖的受害国，全球气候变暖已经并将继续对我国产生重大影响，严重威胁我国的自然生态系统和经济社会发展。

总而言之，全球气候变暖已经是不争的事实，它正在发生并将继续发生。全球气候变暖导致极端气候事件趋多、趋强，并已经严重影响人们的生活甚至生命。气候是人类赖以生存的自然环境的一个重要部分，气候变化会对人类产生重要影响，已经观测到的气候变化及其影响与未来的可能影响正在向我们敲响警钟：如果不加以干预，全球气候在21世纪仍将持续恶化，影响将会更加严重！

二、国际社会对气候变化问题的关注

作为21世纪人类最严峻的挑战之一，气候变化备受国际社会关注，因为它直接关系到人类能否继续生存和发展下去。气候变化已经不再仅仅是科学家们研究的课题，而已经成了公众和媒体谈论的话题，甚至成为世界各国政府签订公约或者议定书的对象。尤其是2009年12月的哥本哈根联合国气候变化会议，更是将气候变化推向了国际社会的舞台中心。

人们对气候变化问题的关注始于西方工业革命之后，而国际社会对它的关注却是近几十年来的事情。国际社会对气候变化的直接关注始见于 20 世纪 70 年代。世界气象组织（World Meteorological Organization，WMO）于 1979 年召开了第一次世界气候会议。认识到潜在的全球气候变化问题之后，WMO 和联合国环境规划署（United Nations Environment Programme，UNEP）于 1988 年共同发起组建了"联合国政府间气候变化专门委员会"（Intergovernmental Panel on Climate Change，IPCC）。IPCC 成立之初的使命是让决策者和一般公众更好地理解这些科研成果，成立后则直接成了气候变化国际谈判和规制的科学咨询机构。IPCC 分别在 1990 年、1995 年、2001 年、2007 年和 2014 年完成了五次评估报告。作为全世界气候变化问题的前沿成果的系统采编，这些科学报告已然成为国际社会认识和了解气候变化问题的主要科学依据[①]。尤其是 2014 年在丹麦哥本哈根发布的第五次评估报告的《综合报告》，明确指出了人类对气候系统的影响，并且以世界各大洲已经观测到的数据指明这种影响在不断扩大，告诫人们如果任其发展，气候变化将会提高对人类和生态系统造成严重、普遍和不可逆转影响的可能性。同时，《综合报告》也告诉全球，当前有

[①] IPCC 第一次评估报告（FAR）于 1990 年完成，主要采用不同复杂程度的大气—海洋—陆面耦合模式（CGCM）对未来气候变化进行预测。第二次评估报告（SAR，1995）为解释《框架公约》第二条提供科学技术信息，提出人类健康、陆地和水生生态系统以及社会经济系统对气候变化的程度和速度是敏感的，其不利影响有一些是不可逆的，而有些影响是有利的，因此社会的各个不同部分会遇到不同的变化，其适应气候变化的需求也不一样，并提出了公平问题是制定气候变化政策、公约及实现可持续性发展的一个重要方面。第三次评估报告（TAR）于 2001 年完成，综合了气候变化对自然和人类系统的影响及其脆弱性，提出了减缓措施和对策建议。由于降低了模式预测的不确定性，人类对 21 世纪可能的气候变化的预测置信水平得到提高。2007 年 IPCC 正式发布的第四次评估报告（AR4）主要对气候变化预估和不确定性问题进行深入研究，更突出了气候系统的变化，阐述了当前气候变化的主要原因、气候系统多圈层观测事实和这些变化的多种过程及归因。2014 年 11 月 2 日，IPCC 在丹麦哥本哈根发布了 IPCC 第五次评估报告的《综合报告》。

适应气候变化的办法，如实施严格的减缓活动可确保将气候变化的影响控制在可管理的范围内，从而可创造更美好、更可持续的未来。这就为全球气候合作提供了坚实有力的科学依据。

《框架公约》是世界上第一个全面控制温室气体排放、应对全球气候变暖问题的国际公约。早在1898年，瑞典科学家斯万（Svante Ahrrenius）就警告人们"二氧化碳排放量可能会导致全球变暖"，但是这个问题直到20世纪70年代才真正引起大众的广泛关注。当然，在这中间，科学家们一直在逐渐深入了解地球大气系统。正如上文提到的，IPCC于1990年发布了第一份评估报告，这份报告不仅影响了政策制定者和广大民众，也推动了后续的气候变化谈判，第二次世界气候大会（1990年）当即呼吁建立一个气候变化框架条约。为此137个国家及欧洲共同体进行了部长级谈判，主办方为WMO、UNEP和其他国际组织。经过艰苦的谈判，大会确定了一些原则①，这些原则为之后的气候变化公约奠定了基础。与此同时，广大人民也做出热烈反应。1990年12月联合国常委会批准了气候变化公约的谈判，最终《框架公约》②在1992年被签署，1994年3月21日正式生效。《框架公约》是当前国际社会在全球气候变化问题上进行国际合作的基本框架。1997年12月，《框架公约》第3次缔约方大会在日本京都召开，通过了《京都议定书》（Kyoto Protocol）。《京都议定书》

① 这次会议确定的内容有：气候变化是人类共同关注的；公平原则；不同发展水平国家"共同但有区别的责任"；可持续发展和预防原则。

② 由于各国对气候变化问题具有一定的共识，且这次会议仅仅提供了一个合作的基本框架，还未涉及各国深层次利益，因此，合作的达成非常顺利。但是，随着谈判的深入与具体条款的落实，合作越来越艰难。1995年，在德国柏林召开《框架公约》缔约方第一次会议，与会者认为《框架公约》所规定的条款不充分，应立即就2000年后采取何种行动进行磋商和谈判，以便在1997年之前签订一项议定书来明确限制发达国家在一定期限内的温室气体排放量。然而，在1996年瑞士日内瓦举行的第二次缔约方大会上，各国关于"议定"的起草问题并没有达成一致意见。

旨在限制发达国家温室气体排放量以抑制气候变暖，是发展中国家通力合作与主要发达国家让步的结果①。为了《京都议定书》的实施，《框架公约》缔约方大会不懈努力。可《京都议定书》涉及的只是 2012 年前世界各国的减排安排问题，之后的问题需要通过新的谈判来找到方案。后《京都议定书》时代主要围绕这个问题进行谈判，虽然举步维艰，但是取得了相应的成果。其中 2007 年通过的"巴厘岛路线图"和 2009 年形成的《哥本哈根临时协议》就是典型代表。《哥本哈根临时协议》虽不具有法律约束力，但它坚定地维护了《框架公约》和《京都议定书》确立的"共同但有区别的责任"原则。2012 年多哈会议上，会议各方就 2013 年起执行《京都议定书》第二承诺期这一意见达成一致。会议从法律上确定了《京都议定书》第二承诺期，达成了为了推进公约施行的长期合作行动的全面成果②，坚持了"共同但有区别的责任"原则③，维

---

① 《京都议定书》对 2012 年前主要发达国家减排温室气体的种类、时间表和额度等都做出了具体规定。它规定：2008—2012 年间，主要工业发达国家二氧化碳等 6 种温室气体排放量要在 1990 年的基础上平均减少 5.2%，发展中国家没有减排任务。《京都议定书》还创造性地设计出实现减排的三大制度：排放交易制度（ET）、联合履约制度（JI）和清洁发展机制（CDM）。

② 时限为 8 年，在发展中国家持续呼吁和敦促之下，大会还通过了有关长期气候资金、《框架公约》长期合作工作组成果、德班平台以及损失损害补偿机制等方面的多项决议。但是，多哈会议收获的成果有限，日本、加拿大、新西兰、俄罗斯等国已明确表示不接受第二承诺期。大会也没有就发达国家减排指标做出具体规定，发达国家在资金问题上从整体上看还远没有兑现承诺，而且在处理第一承诺期的碳排放余额的问题上，仅有澳大利亚、列支敦士登、摩纳哥、挪威、瑞士和日本六国表示不会使用或购买一期排放余额来扩充二期碳排放的额度。第二阶段减排谈判之所以更加困难，原因主要是第一阶段某些国家的减排效果不好、一些发展中国家的排放量过大、发达国家国内经济压力加大等。

③ 需要指出的是，在多哈会议上，发达国家淡化其历史责任、"共同但有区别的责任"原则的倾向进一步明显，自身减排和向发展中国家提供资金、转让技术的政治意愿不足，这是今后国际社会合作应对气候变化面临的主要障碍。

护了公约和议定书的基本制度框架。多哈会议在德班会议的基础上，把联合国气候变化多边进程继续向前推进，向国际社会发出了积极信号。作为负责任的发展中国家，中国本着积极、务实、开放的精神，全面、深入地参加了多哈会议各个议题的谈判磋商，从不同层面广做各方工作，为多哈会议取得成功做出了不懈努力，发挥了重要的建设性作用。国际社会应对气候变化可谓任重道远，多哈会议不是终点，而是新的起点。2013 年华沙会议经过长达两周的艰难谈判和激烈争吵，最终就德班平台决议、气候资金和损失损害补偿机制等焦点议题签署了协议。会议重申了落实"巴厘岛路线图"成果对于加大 2020 年前行动力度的重要性，敦促发达国家进一步加大 2020 年前的减排力度，加强对发展中国家的资金和技术支持，同时围绕资金、损失和损害问题达成了一系列机制安排，为推动绿色气候基金的注资和运转奠定了基础；就进一步推动德班平台达成决议，既重申了德班平台谈判在公约下进行、以公约原则为指导的基本共识，又为下一步德班平台谈判沿着公约实施的正确方向不断前行奠定了政治基础。不过中国也指出，在全球气候变化挑战日趋严峻、应对气候变化要求日益紧迫的情况下，发达国家对于切实兑现减排并向发展中国家提供资金和技术支持的承诺缺乏政治意愿。2014 年利马会议批准了各国在巴黎会议之前应当如何制定减排计划的指引，但是分歧明显①。2015 年的巴黎气候大会有 195 个国家和欧盟共计 196 个缔约方的 3 万名代表参加，各方同意结合可持续发展的要求和消除贫困的努力，加强对气候变化威胁的全球应对，负有"共同但有区别的责任"，以"自主贡献"的方式参与全球应对气候变化行动。大会协定在

---

① 一是决议中关于巴黎协议的核心议题——国家自主决定贡献的表述比较模糊；在发展中国家诉求最强烈的资金问题上，发达国家的表现也依然令人失望。二是各方对"共同但有区别的责任"原则、公平原则和各自能力原则如何体现在巴黎协议中还存在较大争议。一些发达国家为了推诿自己的历史责任而宣扬"无差别责任"，试图让发展中国家承担超出自身能力和发展阶段的责任。

总体目标、责任区分、资金技术等多个核心问题上取得进展，是气候谈判过程中的历史性转折点。2016年的马拉喀什气候大会是《巴黎协定》生效后的首次缔约方会议。大会就落实《巴黎协定》的议程达成一致，向国际社会展示了各国的决心，让我们看到了全球气候合作的光明前景。2017年波恩气候变化大会通过了"斐济实施动力"系列成果，就《巴黎协定》实施涉及的各方面问题形成了平衡的谈判案文，进一步明确了2018年促进性对话的组织方式，通过了加速2020年前气候行动的一系列安排。2018年的卡托维兹气候大会通过了《巴黎协定》实施细则，内容涉及透明度框架的实施、设立2025年后的气候资金新目标的相关进程、如何实施2023年全球盘点机制、如何评估技术发展和转移的进展等。在各方达成共识后，该届气候大会主席、时任波兰环境部副部长库尔蒂卡兴奋地从主席台上跳下来庆贺，他称："谈判非常仔细并极具技术性，各国终于踏出了负责任的一大步。"会上的另外一个突破则是，德国和挪威承诺分别拨出15亿欧元和5亿欧元，为"绿色气候基金"注入新的资金。值得一提的是，中国在国际气候上的负责任态度获得一致认可。遗憾的是，碳交易制度由于未能达成共识，这一问题延至2019年9月的联合国气候峰会上再次讨论。

联合国开发计划署（United Nations Development Programme，UNDP）认为人类发展过程本身就是扩大人们生活选择的过程，强调探讨人类发展问题应以人们的需求、愿望和能力为中心。从1990年开始，它从各方面探讨这个主题，包括经济、环境、国家政策等，形成每年一本的人类发展报告。早期的人类发展报告已开始关注环境威胁，包括全球性水危机和气候变化等。《1990年人类发展报告》强调安全环境（"洁净的水、食物和空气"）对人类自由的重要性。《1994年人类发展报告》探讨了人类安全问题。《1998年人类发展报告》认为贫困人口遭受环境退化（酸雨、臭氧层消耗和气候变化）的最大影响是不公平的。《2006年人类发展报告》揭示了在用水方面存在的不公平现象及其对人类发展的影响。报告显示,生活在撒哈拉以南非洲贫民窟的人比纽约和巴黎的居民在饮用水方面的成本更高。《2007/2008 年人类发展报告》的主题是"应对气候变化:分化世界中的人类团结"(Fighting Climate Change: Human Solidarity in a Divided World)。该报告从人类发展的视角来分析气候变化的代价,包括气候突变和"适应性隔离"现象引起的代际贫困陷阱。它是第一份研究全球气温上升所造成影响的重大报告,具体包括冰层的融化、局地降雨格局的变化、海平面的日渐上升以及一些脆弱性群体的被动适应(UNDP,2007)。《2009 年人类发展报告》揭示了如何制定更好的人员流动政策,以促进人类发展。在分析流动对流动者本人、家庭以及迁出地、迁入地的影响时,报告提到气候变化影响对部分人类的迁徙动机有一定的影响(UNDP,2009)。《2010 年人类发展报告》的主题是"国家的真正财富:人类发展进程",有两章内容都谈到了气候变化对人类发展的威胁。报告指出早期对气候变化的关注,或者仅仅局限于描述气候变化和水资源短缺,或者基于国家角度(中国和克罗地亚的气候变化),或者关注当地的重要问题(俄罗斯的能源问题以及塔吉克斯坦的水资源问题),这些都是不够的。在面对当前的威胁时,更为广泛的可持续问题,如关于个人和代际之间对金融和自然资源的使用和分配问题,即代际公正问题,需要我们予以更多的关注(UNDP,2009)。《2011 年人类发展报告》的主题是"可持续性与平等:共享美好未来"。报告开篇就指出"人类发展是一个不断扩大人们选择权的过程,它以自然资源共享为前提";要促进人类发展,就必须实现"本地、国家和全球三个层面上的可持续发展"。报告指出,气候变化是"保持世界进步的威胁",虽然"人类活动导致气候变化"这一观点在科学界已经得到认可,但公众意识仍很落后。报告提出公平而适当的灾害响应措施、创造性的社会保障方案是在诸多充满希望的良策中两个抵消气候变化对人类影响的政策方向(UNDP,2011)。《2014 年人类发展报告》的主题是"促进人类持续进步:降低脆弱性,增强抗逆力"。在谈及人类发展面临的全球威胁时,气候变化是报告中重点谈到的一个问题。报告指出，多种自然灾害的出现频率和严重程度与气候变化有关，这些极端事件产生了巨大的经济和社会代价；并指出一些由人为因素导致的极端天气事件可以被预防，或者至少可以减少其发生频率；旨在降低这些脆弱性的行动（包括一项关于气候变化谈判的全球协定）对保障和维持人类发展至关重要（UNDP，2014）。《2016 年人类发展报告》的主题为"人类发展为人人"，报告在"增强人类发展的逆抗力"的相关论述中，专门提出要"应对气候变化"。报告指出气候威胁到贫困和边缘化群体的生命和生计，应对气候变化需要采取多种政策措施，制定合理的价格和补贴政策仅仅是一个方面，提高能效和增加可再生能源供给至关重要。报告还提出气候智能型农业技术可以帮助农民提高农业生产率和提高应对气候变化影响的能力，同时有助于减少净排放量的碳汇①。报告在论及"2030 年议程和可持续发展目标是迈向人类发展为人人目标的关键步骤"时，特意指出具有历史性意义的气候变化《巴黎协定》首次将发达国家和发展中国家纳入同一个框架进行考虑，并敦促各国都尽最大努力在未来几年加强履行它们所做出的承诺，倡导国际社会、各国政府和所有其他有关各方都必须行动起来，确保这些协定得到遵守、执行和监督（UNDP，2017）。

以上是国际社会对气候变化问题关注的几个重要体现，但并不局限于此。当前，气候变化问题俨然成了国际合作的一项重要内容，联合国、上海合作组织等均把气候合作作为重要议题。在这些合作过程中，一些具有历史意义的公约和议定书陆续出台。这一切都在向我们展示全世界人民应对气候变化问题的决心。

---

① 碳汇一般是指从空气中清除二氧化碳的过程、活动和机制，主要是指森林吸收并储存二氧化碳的多少，或者说是森林吸收并储存二氧化碳的能力。

第二节　气候变化最终成为一个伦理问题

随着近 200 年来全球气候发生的一些非自然和不正常的变化，全球气候变化不仅成为当今国际社会关注的热点问题，也成为目前国内外学者研究的热点问题。随着日益发展的研究态势，相关研究文献也在不断增多。

一、国际社会对气候变化问题的关注

国际科学界最先提出并始终推动着气候变化问题的研究，其中起核心作用的是 IPCC。IPCC 的五次评估报告，极大地推动了国际气候谈判的进程。IPCC 第一次评估报告（1990）以大量的科学事实得出了全球气候正在变暖的结论，直接推动了《框架公约》的诞生；IPCC 第二次评估报告（1996）重点论证了气候变化与人类社会经济活动的直接因果关系，对国际社会启动《京都议定书》的谈判进程发挥了有力的推动作用；IPCC 第三次评估报告（2001）进一步强调了人类活动与全球变暖的直接关系，旨在推动《京都议定书》的签署和实施；IPCC 第四次评估报告（2007）分别从气候变化的科学基础、影响、适应和脆弱性、减缓等角度论证全球变暖已是不争的事实，气候变化对自然和生物系统造成了明显的影响，尤其人类活动是气候变化的主因等。尽管 IPCC 的第四次评估报告似乎成了"从怀疑到行动的转折点"，但"问号"并没有因此而抹去，质疑之声仍然不绝于耳[①]。甚至有一种声音认为"气候议题是一个

----

① UNEP 执行主任在 IPCC 发布第四次评估报告概要时动情地说："世界会记住今天，因为悬在气候变化是否与人类活动相关的辩论之上的问号被抹掉了。这份报告不仅是一个里程碑，还应当是从怀疑到采取应对行动的转折点。"

'阴谋'"①。尽管如此,大多数科学家还是认为不能因为不确定性而否定气候科学的努力和进展。《斯特恩报告》②和《2007/2008 年人类发展报告》③都呼吁国际社会重点关注气候变化给发展带来的影响,强调全球立即采取减排行动的紧迫性;《2010 年世界发展报告》④的主题是"发展与气候变化"。美国前副总统戈尔和 IPCC 获得了 2007 年诺贝尔和平奖,表彰他们为构筑和传播人为造成的气候变化的伟大知识所做的努力,以及应对这种变化所必须采取的措施而打下的基础。给他们颁发这个奖项反映了联合国对于气候变化问题的重视。

2014 年 11 月 IPCC 在丹麦哥本哈根发布了 IPCC 第五次评估报告的《综合报告》。据悉,IPCC 第五次评估报告由 800 多名科学家参与编写,在此前 14

① 2007 年,英国 BBC 纪录片《全球变暖大骗局》大唱反调,认为 20 世纪 40 年代到 70 年代末,二氧化碳排放暴涨,但全球平均气温比 1880—1940 年低,地球变暖与二氧化碳未必有什么必然联系;人造卫星对高层大气的温度测量也没有发现变暖趋势;"全球变暖说"背后是一个价值惊人的全球产业,它由环境主义者制造,由科学家来兜售并筹资,居然获得了政治家和媒体的支持。2009 年哥本哈根会议前夕,有黑客侵入英国东英吉利大学气候研究部门的邮件系统,文件显示有人操纵数据以支持气候变暖的结论,而主角正是 IPCC 的成员。"气候门"事件闹得沸沸扬扬,被指"存在选择性地采用数据的问题"。人为操控的做法令人联想到金融骗局,有的讨论者干脆认为气候议题不过是西方设计的阴谋,目的是阻挠发展中国家的工业化进程。

② 2006 年,世界银行前首席经济学家、政府气候顾问斯特恩推出《气候变化经济学》即《斯特恩报告》。报告从水资源、农业与食物、人类健康、土地与海岸线、地球环境与生态系统、大规模灾害等六个方面论证了气候变化的后果,支持和阐释欧盟提出的将全球平均温度上升限制在 2℃ 以内的目标,以及全球立即采取减排行动的紧迫性。

③ UNDP 发布的《2007/2008 年人类发展报告》的主题是"应对气候变化:分化世界中的人类团结",指出国际社会应重点关注气候变化给发展带来的影响。

④ 世界银行《2010 年世界发展报告》以"发展与气候变化"为主题,预测到 21 世纪中叶,全球经济总量将比 2000 年翻两番,但按当前趋势,与能源相关的二氧化碳排放量也将增长一倍以上,可能使全球气温比前工业化时期至少上升 5℃。为了将全球气候变暖控制在 2℃ 以内,全球碳排放总量必须在 2020 年达到峰值,并在 2050 年下降 50%~80%,同时持续下降到 2100 年甚至更久的时间。

个月公诸于世的分别是《自然科学基础》、《影响、适应和脆弱性》以及《减缓气候变化》。而《综合报告》是对这些报告成果的提炼和综合，这也使其成为有史以来最全面的气候变化评估报告。IPCC 第五次评估报告指出，人类对气候系统的影响是明确的，而且这种影响在不断增强，在世界各个大洲都已观测到种种影响。如果任其发展，气候变化将会提高对人类和生态系统造成严重、普遍和不可逆转影响的可能性。《综合报告》确认世界各地都在发生气候变化，而气候系统变暖是毋庸置疑的。相比于之前的评估报告，该报告更为肯定地指出一项事实，即温室气体排放以及其他人为驱动因子已成为自 20 世纪中期以来气候变暖的主要原因。《综合报告》明确证实，鉴于最不发达国家和脆弱群体的应对能力有限，在社会、经济、文化、制度或其他方面被边缘化的人们特别容易受到气候变化的影响，但仅靠适应是不够的。这次报告让人们对气候变化的现实不再质疑，也引起了全球各负责任大国对气候变化问题的重视。随后通过的《巴黎协定》应该是全球决心的体现。《巴黎协定》是继 1992 年《框架公约》、1997 年《京都议定书》之后，人类历史上应对气候变化的第三个里程碑式的国际法律文本，促成了 2020 年后全球气候治理格局的形成。

科学界对气候变化的关注及其激发的政治响应，直接推动了国际社会科学界对气候变化问题的研究和重视，其中，首先关注气候变化的社会科学当数经济学。之所以如此，其原因可能在于引起气候变化问题的人类活动主要是经济活动，而解决它的途径之一，按照西方的思想传统，首先也得靠经济手段（曹荣湘，2010）。经济学界对气候变化问题的研究集中在气候变化的经济影响、气候变化治理的经济分析以及气候变化的国际政治经济分析等方面。在旷日持久的争论中，经济学界形成了"行动派"和"怀疑派"两个针锋相对的派别。"行动派"在气候变化应对上较为积极，认为人为的气候变暖是无可否认的，全球应及时采取措施加以应对。"怀疑派"虽然也承认人为的气候变暖的事实，但认为采取措施应对气候变化既不紧迫也无必要。他们将《斯特恩报告》斥为一份激进的、制造恐慌的报告。虽然在温室气体减排的成本与收益方面经济学界激烈争论，但经济学家们一致认为减排刻不容缓。

只有国家支持，削减温室气体排放才能落到实处。所以，气候变化问题很快就进入了政治学界的研究领域。著名社会学家安东尼·吉登斯（Anthony Giddens）认为技术创新只是应对气候变化这副扑克中几个大小王中的一个，技术进步对于我们削减温室气体排放的机会来说是十分关键的，但是国家的支持才是让它落到实处的必备条件（Anthony Giddens，2009）。随着国际气候谈判的逐步深入和具体化，政治学领域对气候变化的讨论，从最早的国际政治逐步扩展到了国家安全、社区治理甚至政治哲学，如正义问题等领域。埃里克·波斯纳（Eric A. Posner）和戴维·韦斯巴赫（David Weisbach）在《气候变化的正义》一书中站在美国人的角度分析了气候变化所带来的正义问题。他们认为"对个人合乎情理的道德论断并不总是适用于国家"，进而反对国际上以美国的经济实力和历史责任要求其大力减排，认为这从正义的角度来说是站不住脚的。他们在书中把正义问题分为分配正义和矫正正义[①]，并给予了不同的解读。他们认为气候变化问题的本质是公共资源的分配，温室气体排放权的界定涉及历史排放和现实排放的纠结，难以基于既有格局进行，所以说气候变化问题是一个国际政治的新问题，同时也是一个环境伦理的新问题。话语权问题、责任分配问题和合作意愿问题是当前政治学领域对气候变化问题的关注焦点。

社会学对气候变化的关注相对较晚，成果也不是很多。最早关注这一问

---

① 《气候的变化正义》一书认为：分配正义是说美国拥有巨大的财富，因此它有特殊的义务去帮助减少与气候变化有关的损害；矫正正义指的是因为美国是现有温室气体存量的最大贡献者，它的排放给其他国家造成了损害，因此有义务采取矫正措施，不仅要自身大力减排，而且要弥补其他国家的相关损失。当今世界，人类的生产方式和生活方式都与温室气体（特别是二氧化碳）排放有着密切关联，而气候科学表明这种排放不可能无限制，排放量因此成为一种稀缺资源。减排意味着现有生产方式与生活方式的诸多调整，对全球减排如何安排、如何分摊从一开始就充满了算计和博弈。

题的是著名社会学家乌尔里希·贝克（Urich Beck），他提出了"全球风险社会"这一概念，认为气候变化是一种真正的、巨大的全球风险。在一次演讲中，他专门探讨了气候变化给社会学带来的挑战，阐述了建立气候社会学的必要性，提出了气候社会学的主要内容和对气候变化在当前应持的社会学基本立场（Urich Beck，2009）。贝克认为，在气候变化问题上有必要弥补"社会学缺环"①，并且气候社会学首先需要将气候变化当成一种全球风险，深入探讨气候变化带来的不平等问题。为了说明社会科学能给当前的气候变化研究提供十分有价值的研究资源，2009年4月23日至24日，欧洲研究理事会主席诺沃特尼（Helga Nowotny）、哈佛大学教授贾莎诺夫（Shelia Jasanoff）和英国社会学家厄里（John Urry）等多位科学论代表人物会聚在丹麦哥本哈根大学，召开了一次主题为"科学论遇见气候变化"的大型国际会议，共同发表了一篇题为《社会科学与气候变化：哥本哈根宣言》的文章，号召人们从社会学视角研究气候变化问题（肖雷波等，2012）。

伦理学是社会关注气候变化问题的另外一个层面。事实上，经济学、政治学等对气候变化问题的研究中都已经渗透了伦理学的概念、理念和原则。目前，国内外已经有从伦理学的角度专门研究气候变化问题的文章和专著了。国外从伦理学的角度关注气候变化问题始于20世纪80年代，但研究成果散见于生态伦理学或环境伦理学的论著中（徐保风，2010）。比较专门的伦理学研究始于世纪之交，主要成果有贝尼托·穆勒（Benito Müller）的《气候变化中的公平：大分水岭》（*Equity in Climate Change: The Great Divide*）（2002）、路易斯·

----

① 所谓的"社会学缺环"（missing sociologjcal link）不是"应该如何"和"能够怎样"，仅有良好愿望是无济于事的。社会学的核心问题是：对生态变革的支持可能来自何处？这种支持在许多情况下将会侵蚀人们的生活方式、消费习惯、社会地位和在这个已经明显十分不确定的时代的生活条件基础。或者，换一句社会学的话来说：那种跨国界的世界性团结怎样才能成为现实？作为必然是跨国的气候变化政治之前提条件的社会绿化，如何才能成为现实？

罗萨（Pinguelli Rosa Luiz）等的《和气候变化问题相关的伦理、公平和国际谈判》（*Ethics, Equity and International Negotiations on Climate Change*）（2003）、唐纳德·布朗（Donald Brown）的《美国热：美国应对全球气候变暖的伦理问题》（*American Heat: Ethical Problems with the United States' Response to Global Warming*）（2002）等。宾夕法尼亚州立大学洛克伦理学研究所 2004 年成立的"气候变化的伦理维度"项目组被认为是气候变化伦理学创建的标志，该项目组于 2007 年发表了《应对气候变化的伦理维度白皮书》（*White Paper on the Ethical Dimensions of Climate Change*）。纽约大学詹姆斯·加维（James Garvey）2008 年出版的《气候变化伦理》（*The Ethics of Climate Change*）被认为是世界上第一部气候变化伦理学专著，该书的出版将该领域的研究推向了一个新的阶段。总地来看，西方的研究成果可概括为如下几点：关于气候变化问题的讨论必须加入伦理学的视角；气候变化引起的责任赔偿、大气目标、分配温室气体减排、科学的不确定性、国家经济成本、对行动采取独立责任的态度、潜在的新技术、程序公正等问题需要诉诸伦理审视；对子孙后代的态度采取"将未来折现""预防原则"；人类必须大幅减少能源的使用。随着国际谈判议程的变化，为给西方发达国家做辩护，他们的研究重点已经由原来的"发达国家的减排义务"转向"发展中国家的责任"。国内的研究成果最开始散见于生态伦理、环境伦理和环境法的论著中，主要涉及低碳经济、环境伦理的基本原则和可持续发展等伦理问题。专门的气候变化伦理学研究才刚刚起步，如学者们普遍认为，地球大气属公共利益，提出平等排放权原理以应对气候变化的挑战。社会科学文献出版社自 2009 年以来翻译了一批国外气候问题在社会学方面的研究成果。随后国内也有了气候变化伦理学方面的专著，笔者所能查看到的有刘晗、李静著的《气候变化视角下共同但有区别责任原则研究》（知识产权出版社，2012 年 7 月）和程明道的《气候变化与社会发展》（社会科学文献出版社，2012 年 3 月）。不难看出，国内的研究多集中于经济问题，专门、全面、系统的关于气候变化问题的伦理学研究还比较缺乏。

综上所述，气候变化问题经历了从科学、经济学和政治学争论到伦理争论的历程，尽管至今尚有许多问题没有达成共识，但可以确定的是，气候变化正在并将继续给人类生活带来严重影响。它涉及经济发展方式和生活方式等方面，涉及人类如何对待环境和人类本身的问题，涉及全球资源分配、代际资源分配等问题。西方发达国家对于气候变化伦理问题的研究已经拥有自己的语境和立场，它们的观点不完全适用于发展中国家，因此，立足发展中国家语境尤其是中国语境，探讨气候变化伦理问题具有重要的理论和现实意义。这不仅可以拓展伦理学的研究领域，而且可为中国阐释自己关于气候变化的立场提供理论支撑和伦理辩护。

二、气候变化何以成为一个"伦理问题"

基于前言中对气候变化情况的介绍，我们知道气候变化已经实实在在地影响人类的生活，它使人类面临着双重灾难的威胁。

首先，气候变化直接威胁人类发展。世界各国人民都受气候变化的影响，但是那些最贫困的人首当其冲，受到最直接的危害，并且资源的匮乏使得他们面对危害时束手无策。气候变化将使得人类发展普遍受到制约，它已经并将继续减缓我们实现千年发展目标①的进程，与此同时还加剧了各国内部以及各国

---

① 2000 年 9 月，在联合国千年首脑会议上，世界各国领导人就消除贫穷、饥饿、疾病、文盲、环境恶化和对妇女的歧视，商定了一套有时限的目标和指标：消灭极端贫穷和饥饿；普及小学教育；促进男女平等并赋予妇女权利；降低儿童死亡率；改善产妇保健；与艾滋病病毒/艾滋病、疟疾和其他疾病做斗争；确保环境的可持续能力；全球合作促进发展。这些目标和指标被置于全球议程的核心，统称为千年发展目标。联合国千年发展目标是联合国全体 191 个成员国一致通过的一项旨在将全球贫困水平在 2015 年之前降低一半（以 1990 年的水平为标准）的行动计划。2000 年 9 月联合国首脑会议上 189 个国家签署《联合国千年宣言》，正式做出此项承诺。

之间的不平等。如果对此置之不理，人类发展将跌入倒退的深渊。

其次，气候变化将给未来带来灾难。同冷战期间的对峙一样，气候变化不仅威胁贫困的人民，也威胁着整个星球，威胁着我们的后代。当前，全球变暖的速度、变暖的准确时间以及会产生怎样的影响还不得而知，但是，地球巨大冰盖的瓦解已经在加速，海洋正在变暖，雨林系统正在崩溃，很多人流离失所等一些后果业已成为现实。这些危险有可能引发一连串的后果，其中就包括有可能彻底改变我们星球的人文和自然地理状况，气候变化导致的直接后果正在向世界上最贫困的国家及其最弱势的群体严重倾斜。然而，没有永远风平浪静的港湾，富裕国家及其人民尽管没有直接面对日渐逼近的灾难，但是他们最终也难以避免这些灾难的影响。因此，预先采取措施缓和气候变化将是全人类避免未来灾难的基本保障。

制定良好的政策应对气候变化问题表明了我们的决心：在扩展当代人实质自由的同时不损害未来各代人实现自身自由的能力。我们面临的挑战是保持当代人类发展，同时应对气候变化对大部分人类生活造成的日益严峻的威胁。这项威胁迫使我们重新思考人类相互依存的问题。从这一角度来看，气候变化引发了一些棘手的道德问题。能源消耗及其引起的温室气体的排放并不是抽象的概念，而是人类相互依存的体现。当一个欧洲人打开电灯，或者一个美国人打开空调设备时，他们的行为将通过全球系统影响到世界上最弱势的群体。这些行为还将影响到子孙后代，不仅仅是影响到他们自己的儿孙，而且还包括全世界人民的子孙后代。有证据清楚地表明，危险性气候变化将加剧贫困和未来的灾难风险。在气候变化对生态系统的负面影响日趋严重的情况下，如果我们继续忽视自身的责任，无疑就会违背伦理道德。解决气候变化问题的道德紧迫性首先来源于社会公正和道义责任的观念。这些观念是超越宗教和文化界限的，它们为各个信仰团体领导者和其他人共同采取行动提供了潜在的基础。

所以我们说，气候变化本身是自然现象，但是引起它的前因后果、应对它所持有的态度和方式完全是一个伦理学问题。气候变化是工业革命之后人类社会不负责任的不可持续的发展方式引起的，气候变化对人类的影响程度日趋严重，范围日趋宽广，而那些对气候变化起到最小作用的、人类发展指数低的国家及其人民却是气候变化不良后果的直接受害人，这并不公平。气候变化问题涉及平等、权利、义务、公正、发展等伦理学命题。

气候变化伦理肯定脱离不了环境伦理学，但是它又不会囿于传统的环境伦理学。气候变化问题涉及能源利用、农业生产、生活方式和消费模式等经济和社会发展问题。目前，政府将气候变化问题看作一个发展问题，并和节能联系在一起。但是，我们必须认识到，气候变化防范措施远远不只是解决能源消费问题。在将来（有些情况现在已经呈现出来了），气候变化必须被理解为一个更为复杂的问题，因为它涉及各国经济和社会快速转型中方方面面的问题，涉及发展的平等权问题，涉及各个国家和地区的发展有先有后、有快有慢的问题。当前我们讨论的是二氧化碳排放过量导致的气候变化危机，这是一个全球公地问题，以后也可能会出现其他的全球危机事件，或许以后的科学研究会发现气候变化不仅是碳排放的问题，而且有其他问题。无论如何，要维护人类的持续发展，这些问题都要得到公平的解决。气候变化伦理不光是对眼前气候变化引起的气候危机的讨论，也希望能够借此讨论得到一定的经验和结论，形成一定的规则和道德律法。把这些规则和道德律法作为既定道德，方能应对以后可能出现的全球危机事件。

"气候变化伦理"来源于詹姆斯·加维（James Garvey）所著的 *The Ethics of Climate Change* 一书。当前，"气候变化伦理"在一定范围内已经成了一个专门的术语，气候变化伦理学也正在成为研究气候变化的一个新领域。西方发达国家对于气候变化伦理问题的研究已经拥有自己的语境和立场，国外关于气候变化伦理的专著已经陆续出版了多本。当然，他们的观点在很多方面是不适合发展中国家的。例如，埃里克·波斯纳和戴维·韦斯巴赫合著的《气候变化的正义》（*Climate Change Justice*）一书就是站在美国人的角度来分析气候变化所带来的正义问题。他们认为气候变化问题的本质是公共资源的分配，温室气体排放权的界定涉及历史排放和现实排放的纠结，所以难以基于既有格局，认为"对个人合乎情理的道德论断并不总是适用于国家"，进而反对国际上以美国的经济实力和历史责任要求其大力减排，认为这从正义的角度来说是站不住脚的。因此，我们寄希望于立足发展中国家语境，尤其是中国语境的气候变化伦理学专著能够多多出现，以便于为大家探讨气候变化伦理问题的理论和现实意义提供一个基础性的平台。

第二章　区域利益与全球利益

以全球暖化为主要特征的全球气候变化已成为客观事实，它是环境问题，根本上却是发展问题。国家与地区间的利益冲突让我们对世界共同利益进行着不懈的拷问。我们生活在一个严重分化的世界中，极度贫困与繁荣潜伏着冲突的危机，宗教和文化认同上的差异导致了国家与民族关系的紧张，民族主义之间的相互竞争已经对集体安全造成了威胁。在这种背景之下，气候变化让我们注意到了人类生活的一个严峻事实：我们共有同一个地球。无论人类来自何处，秉承怎样的信仰，他们都生活在同一个生态上相互依存的世界。环境这条纽带已将人类紧密相连，通过气候变化我们更深切地认识到：人类共享同一个未来！

第一节　利益冲突：气候公正的主要障碍

气候变化问题是人类采取不可持续的生产和生活方式以获取短期经济利益的结果，其实质是世界各国对全球公共环境资源的过度使用所酿成的"公地悲剧"。当前的现实情况是：发展中国家为了维护其发展权益，需要使用相对廉价的化石能源，自然会增加排放；发达国家要求发展中国家减排，但又不愿意在资金、技术方面给发展中国家帮助，使其走上低碳发展之路。所以，虽然各国政府都认识到了必须采取措施遏制和适应全球气候变化这一趋势，但由于承担成本及分享收益上不均等等利益冲突，发达国家不愿意大幅减排。这样，一对必须要解决和克服的矛盾就出现了：一面是必须减排遏制和适应气候变化，这是全球利益之所在，另一面是各个国家和地区为了短期的经济发展，不愿减排甚至要增加排放量，这是区域利益。从短期来看，在应对全球气候变化问题上，全球利益与区域利益严重冲突。所以说，气候变化问题究竟如何解决取决于如何处理全球利益与区域利益的关系。

气候变化是当今全球面临的重大挑战。遏制气候多变、拯救地球家园，是全人类共同的使命，每个国家和民族、每个企业和个人都应当责无旁贷地行动起来。全球气候变化的不可逆转正在加速明晰和框定人类适应气候变化的必然性和大趋势。为了适应这一趋势，国际社会接连召开全球气候会议（见表2-1）以应对气候变化。全球气候变化问题的国际谈判非常复杂，指望在某个会议上一次达成协议是不现实的，即使有一个从长远来讲既实用又经济划算的现成的模式摆在那里，各个国家也要经过很多回合的谈判博弈才有可能认可该模式。2000年以来，越来越多的国家和地区参加联合国气候大会，每次会议都取得了一定的成绩。如表2-1所示，几次比较重要的气候大会都有众多参会者，而且次次有收获，但都是相互妥协的产物。如哥本哈根气候大会上发布了《哥本哈根协议》，与会者一致同意全球温度升高不能超过2℃，全体承诺减排并保护森林，甚至就成立哥本哈根绿色气候基金行动计划达成协议，但是此协议不具法律约束力，所以至今其会议结果没有落实。应对气候变化的更多努力依然停留在谈判桌上，就是因为有着太多的利益冲突尚未真正解决。发达国家与发展中国家的利益冲突是导致气候谈判一再无功而返的重要原因。在哥本哈根会议、坎昆会议、德班会议、多哈会议以及华沙气候大会上，矛盾和冲突的加剧多次使谈判陷入僵局。综合全球气候变化谈判反复争论的焦点问题，问题主要集中在责任的承担以及资金与技术的援助上。其中，资金与技术援助问题是责任承担问题的衍生问题，所以，解决好了责任承担问题，才能为资金与技术援助问题的更好解决找到突破口。

表 2-1 重要的气候会议及会议结果

会议	时间	参会者	会议结果
海牙会议	2000 年 11 月	180 多个国家和地区代表	由于各国利益的相互牵制，会议未达成共识和约束文件
哥本哈根会议	2009 年 12 月	126 位国家领导	发布了《哥本哈根协议》，但是此协议不具法律约束力
坎昆会议	2010 年 12 月	119 位国家首脑，194 个缔约国和观察员国代表	形成了"坎昆共识"，为 2011 年国际气候谈判规划了方向
德班会议	2011 年 12 月	194 个国家和地区代表	通过了"德班一揽子决议"，决定实施《京都议定书》第二承诺期并启动绿色气候基金
多哈会议	2012 年 11 月 26 日至 12 月 7 日	近 200 个国家的 1.7 万余名官员、学者以及非政府组织成员	最终就 2013 年起执行《京都议定书》第二承诺期达成了一致，第二承诺期以 8 年期限达成一致
华沙气候大会	2013 年 11 月 11 日至 23 日	190 多个国家和地区的代表团、专家学者以及国际机构和非政府组织人员等 1.6 万多人	各国代表最终就德班平台决议、气候资金和损失损害补偿机制等焦点议题签署了协议
利马会议	2014 年 12 月 1 日至 12 日	190 多个国家和地区的代表团、专家学者以及国际机构和非政府组织人员	各大国于 2015 年 3 月前提交自己的减排目标，其他各国不迟于 6 月。但各国的减排目标不会有严格的国际审查。联合国在 11 月 1 日前，根据各国的减排目标，计算出"总减排量"，为 2015 年 12 月的巴黎会议做好准备
巴黎气候大会	2015 年 11 月 30 日至 12 月 11 日	196 个缔约方（195 个国家及欧盟）的 3 万名代表	各方同意结合可持续发展的要求和消除贫困的努力，加强对气候变化威胁的全球应对，负有"共同但有区别的责任"，以"自主贡献"的方式参与全球应对气候变化行动，协定在总体目标、责任区分、资金技术等多个核心问题上取得进展，是气候谈判过程中的历史性转折点

续表

会议	时间	参会者	会议结果
马拉喀什气候大会	2016 年 11 月 7 日至 18 日	来自 196 个国家和地区的 2.5 万多人	是《巴黎协定》生效后的首次缔约方会议。大会就落实《巴黎协定》的议程达成一致，向国际社会展示了各国的决心
波恩气候变化大会	2017 年 11 月 6 日至 17 日	来自 195 个缔约方的超过 2.5 万名代表	通过了"斐济实施动力"系列成果，就《巴黎协定》实施涉及的各方面问题形成了平衡的谈判案文，进一步明确了 2018 年促进性对话的组织方式，通过了加速 2020 年前气候行动的一系列安排
卡托维兹气候大会	2018 年 12 月 2 日至 16 日	来自近 200 个国家和地区的近 3 万名代表	通过了《巴黎协定》实施细则，内容涉及透明度框架的实施、设立 2025 年后的气候资金新目标相关进程、如何实施 2023 年全球盘点机制、如何评估技术发展和转移的进展等

注：表中内容是笔者根据中国气候变化信息网上相关国际会议内容总结所得

一、"谁污染，谁治理"如何指导责任的划分

自从《框架公约》和《京都议定书》签署以来，几乎每次联合国气候谈判大会上各个缔约方都在为所承担的责任和应尽义务的分配争执不休。应对气候变化问题，各个国家应该分别承担什么样的责任和义务？这个问题始终没有解决。在哥本哈根会议上，各缔约方彼此间的矛盾与冲突进一步激化，尤其是发展中国家与发达国家的较量和博弈表现得更为突出。坎昆会议上，部分发达国家为了各自的利益在"共同但有区别的责任"原则问题上故伎重演，或是干脆颠覆"巴厘岛路线图"确定的"双轨制"并否定《京都议定书》，试图将气候谈判置于发达国家利益主导之下（王东，2012）。在艰辛的谈判过程中，坎昆会议虽然最终坚持了"双轨制"谈判机制并维护了"共同但有区别的责任"原则，在落实援助资金、技术转让等发展中国家较为关心的问题上也取得了一定程度

的实质性进展，但是回首过程，不能不说异常艰难。华沙会议上，由于发达国家不愿承担历史责任，在落实向发展中国家提供资金援助问题上没有诚信，导致政治互信缺失，加上个别发达国家的减排立场严重倒退，致使谈判数次陷入僵局，会议最终经过妥协达成了各方都不满意但都能够接受的结果（李增伟等，2013）。气候谈判过程中，发达国家在责任承担和减排问题上始终是闪烁其词，这样的表现让我们不得不认为其背后另有"隐情"，它们应对气候变化的诚意也不得不令人质疑。

当前的气候谈判好像不只是为了解决气候变化危机，更是各国尽可能地在为本国争取更大的利益。每次重要会议的谈判都有分歧，而分歧的根本是各个经济体都在争取自己利益的最大化。其中责任的承担问题是所有谈判的首要问题和核心问题。历次气候谈判大会上，包括中国在内的发展中国家参加谈判都坚持以《框架公约》、《京都议定书》和"巴厘岛路线图"为基础，要求发达国家务必承担历史责任，偿还历史债务，必须明确减排方面的长远目标及中期目标。发展中国家之所以如此坚决地坚持"双轨制谈判"①，是因为《框架公约》和《京都议定书》这两个有法律约束力的国际公约遵循平等原则，在处理气候变化问题上强调了"区别原则"。其实，"谁污染，谁治理"的原则早在全球环境问题的讨论中就达成了，而区别原则正是对污染责任者的合理对待方式。但

---

① 所谓"双轨制"，一方面，签署《京都议定书》的发达国家要履行《京都议定书》的规定，承诺2012年以后的大幅度量化减排指标；另一方面，发展中国家和未签署《京都议定书》的发达国家（主要是指美国）则要在《框架公约》下采取进一步应对气候变化的措施。双轨制是在发达国家不愿意承担在2012年后《京都议定书》规定的单方面减排责任、深受气候变化之苦的发展中国家（特别是沿海国家）迫切要求发达国家减排、《框架公约》框架面临着失去公信力窘境的情况下诞生的。双轨制体现了发展中国家需要发展的诉求，体现了公平的原则。

是近年来，美国和欧盟却坚持要求并轨谈判[1]，其本质就是要求发展中国家和它们一起承担它们的历史行为所引起的气候变化问题的责任，就是转嫁它们的历史责任。从本质上来讲，它们对自己行为的不负责任，它们的此种行为与它们在世界上的大国形象很不匹配。

"谁污染，谁治理"这项原则应该面向的是历史与现实的结合。大量的科学证据已经证实温度升高与大气中二氧化碳和其他温室气体浓度有关。正是因为有这种自然的"温室效应"，我们的星球才适合人类居住。在地球以前的四次冰川和变暖周期中，大气中的二氧化碳浓度和温度之间有很大的相关性。但是当前的变暖周期与以往的不同在于二氧化碳浓度提高的速度太快了，对冰芯的研究显示，目前大气浓度已经超过过去65万年的自然极差。在二氧化碳存量增加的同时，其他温室气体的浓度也在提高。目前保暖周期的温度变化并不特别，特别是人类首次使周期发生了决定性的变化。在过去的50多万年里，人类一直在向大气中排放二氧化碳。但是，气候变化可归结于能源使用的两次大变革。第一次大变革是煤炭取代了水力。煤炭是大自然上百万年来凝聚而成的，可以为新的技术提供动力，推动工业革命，使生产力得到前所未有的提高。第二次大变革发生在150年后。几千年以来，石油一直是人类的能源之一，但是直到20世纪初石油才用于内燃机，从而引发了一场交通革命。煤炭、石油和天然气改变了人类社会，极大地促进了财富的增多和生产力的提高，但同时也导致了气候变化。所以说，整体概念上的"人类"是气候变化问题的始作俑者。

对于全世界而言，地球大气是一种没有边界的共同资源。无论是从时间上还是从空间上来看，排放的温室气体在大气中都是自由混合的。无论二氧化碳

---

[1] 并轨谈判是发达国家积极推行的气候谈判制度。它们主张在《京都议定书》的基础上建立一个包括其要素的绑定的法律协定，将《京都议定书》和《框架公约》并轨，建立单一的国际气候变化谈判制度。发达国家推行的并轨制，将《京都议定书》和《框架公约》两个相对独立的具有约束力的法律文件合并，并将发展中国家也纳入其中，使它们可以摆脱《京都议定书》中规定的发达国家单独承担的减排任务。

是来自燃煤电站、汽车，还是源于热带雨林碳汇的流失，对于气候变化的作用都是一样的。同样，温室气体进入地球大气后也没有国籍之分，来自莫桑比克的 1 吨二氧化碳与来自美国的 1 吨二氧化碳没有任何区别。尽管每吨二氧化碳的质量是相同的，但是各国排放量在全球总排放量中所占的比例存在着很大的差异。在划分气候变化责任的时候，我们必须查看各个国家和地区的碳足迹。在全球的碳账目中，所有国家和人民以及他们的活动都占有一定的份额，但是有些国家和人民所占的份额要大得多。从碳足迹来看，发达国家更应该对排放承担较大的历史责任。从图 2-1 可以看到，1840—2004 年间，美国的碳排放量远远高于其他国家，甚至跟其他主要碳排放国的总排放量相当；无论是单个国家的碳排放量、主要碳排放大国中发达国家所占的比例，还是发达国家与发展中国家排放量的总和相对比，碳排放大户依旧是发达国家。这些历史排放量很重要，因为正是过去积累的排放量造成了今天的气候变化，未来排放可用的生态空间取决于过去的行为。近年来，尽管发展中国家的碳足迹正在加深，但是与发达国家相比难望其项背，因为发达国家在温室气体的排放中依旧是主角。所以，发达国家无论按历史的还是按现实的碳排放量来算都更应该承担碳排放的历史责任。

发达国家与发展中国家的碳排放量日益趋同这一观点，经常被发达国家作为要求发展中国家迅速减排的依据。从某种程度上来说，发达国家与发展中国家的碳排放量日益趋同这种情况确实存在，发展中国家在全球排放量中所占的比例正在上升。但这一观点忽视了一些非常重要的事实：仅占世界人口 15% 的富裕国家的二氧化碳排放量却占全球总量的 45%；占世界人口 11% 左右的撒哈拉以南非洲居民的二氧化碳排放量只占全球排放总量的 2%；低收入国家人口占世界人口的 1/3，但二氧化碳排放量只占碳排放总量的 7%（UNDP，2007）。所以说，发达国家与发展中国家的排放量趋同程度被大大高估了，这种趋同不影响"谁污染，谁治理"的责任分配原则。

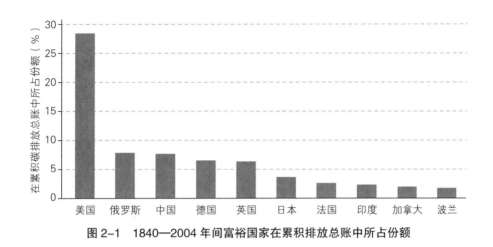

图 2-1　1840—2004 年间富裕国家在累积排放总账中所占份额

资料来源：UNDP. Human development report 2007/2008; fighting climate change: human solidarity in a divided world[M]. New York: United Nations Development Progamme, 2007: 40.

二、"谁污染，谁付费"如何实践资金问题

　　资金与技术援助问题是责任承担问题的衍生问题，解决好了责任承担问题也就为资金与技术援助问题的更好解决找到了突破口。如上文所述，不同国家和地区的碳足迹深浅不均，碳足迹的深浅程度与工业发展的历史有关，但它也反映出了富裕国家对地球大气的过度剥削所累积的沉重的"碳债务"。富裕国家的民众日益担心发展中国家所排放的温室气体，但对于自身在全球二氧化碳排放量分布中所处的地位不太关注。目前温室气体排放量的全球分布情况显示，气候变化风险与责任之间呈逆关系。事实和数据已经有力地证明了适应和缓解气候变化需要技术和资金，而发达国家应该为全球气候变化问题承担主要责任；遭受威胁最为严重的国家和地区恰恰是那些技术落后、经济欠发达的地方。遵守"谁污染，谁付费"原则就要求气候变化问题的"罪魁祸首"切实承担责任以偿还历史债务。

　　关于如何偿还"历史债务"，《框架公约》和《京都议定书》做了明确的规

定，那就是发达国家对发展中国家给予资金援助和技术支持。关于资金援助，发达国家承诺的金额与发展中国家的实际需要相差甚远，并且还附加了许多苛刻条件。即使这样，发达国家还是对自己的承诺一拖再拖，行动迟缓。发达国家在资金援助问题上惯用的"捆绑式"做法①使得发展中国家与发达国家在气候变化问题上的严重对峙雪上加霜。哥本哈根会议上，"双规谈判"要求发达国家为发展中国家应对气候变化提供技术和资金支持，发达国家一边含糊其辞，不给出明确承诺，一边又提出种种苛刻的条件以提高资金援助的"门槛"，为在今后的谈判中获得利益的最大化做铺垫。哥本哈根会议上美国就给出了一个1 000亿美元的捆绑式承诺②，但是，这与"巴厘岛路线图"的有关规定完全不符（李增伟等，2013）；坎昆气候大会上，少数国家坚持反对《京都议定书》第二承诺期；多哈气候大会经过两个星期的密集磋商，最终从法律上确定了《京都议定书》第二承诺期；《坎昆协议》表述的"及时确保第一承诺期与第二承诺期之间不会出现空当"的模糊表达给后续的谈判留下了模棱两可的空间，甚至连《京都议定书》的续存都面临着挑战；德班气候大会通过了《框架公约》和《京都议定书》工作组之下的"长期合作行动特设工作组"决议；华沙气候大会重申了落实"巴厘岛路线图"成果对于加大2020年前行动力度的重要性，同时围绕资金、损失和损害问题达成了一系列机制安排，为推动绿色气候基金注资和运转奠定了基础（李增伟等，2013）；华沙气候大会在减少森林采伐和碳排放及建立气候变化损失损害补偿机制等方面达成了有限共识，决定建立《REDD+华沙框架》（在发展中国家通过减少砍伐森林和减缓森林退化而减少温室气体排放），以帮助发展中国家减少来自毁林和森林退化导致的温室气体

① 发达国家将资金援助与其他问题捆绑在一起，试图以资金援助为资本主导应对气候变化谈判进程，以形成符合自身利益和价值观的应对气候变化的全球规则。

② 美方表示：在所有主要经济体采取有意义的减排行动并保证执行透明的前提下，美国将和其他国家一起到2020年每年为发展中国家应对气候变化提供1 000亿美元。

排放，而美国、挪威和英国政府承诺将为该机制提供 2.8 亿美元财政支持。

所有的研究都表明，发展中国家参与减排是有效率的，且事实上，最经济的减排可能来自发展中国家。付诸行动的前提是发达国家向发展中国家提供援助。从历史和现实的角度来看，这项援助将是必要和公正的。经济和社会发展及消除贫困是发展中国家缔约方首要的和压倒一切的任务。在共同应对气候变化的进程中，发展中国家的发展权必须得到充分和有效的保障。发达国家有向发展中国家提供资金、信息、基础设施和社会保障等方面的义务。之所以由发达国家承担这项义务，不仅仅是出于应遵循"谁污染，谁付费"原则，更主要是出于对发达国家自身利益的维护。发达国家要把这些技术的支持和资金的援助尽快落实到位；相应地，受援助的国家和地区应该积极行动，配合发达国家的技术和资金，使减排行动尽快开始并保持有效。

对整个世界来说，提高发展中国家的能源效率水平能带来明显的好处。如果说气候安全是一个全球性公益活动的话，那么提高效率水平就是对这种活动的投资，会为国家带来巨大的潜在收益。既然如此，为什么这些潜在收益尚未实现呢？根本原因有两点。首先是发展中国家本身经济和技术水平比较落后，低碳化的转型需要大量的前期投资，这样一来，发展中国家就面临着巨额的递增成本。事实上，很多发展中国家根本没有相应的财力去应对这个问题。其次是国际合作的失败。发展中国家的低碳转型效益低，在发展中国家自己无力实现转型的现状下，国际资助机制也不完善。当前在能源领域，国际社会没有成功制定统一的投资战略来开展全球性公益活动，所以，这方面潜在收益尚未实现[①]。制定能源政策要考虑

----

① 虽然国际合作的行动正在扩展，实际成果却只限于对话。典型一例就是亚太清洁发展伙伴关系。这一计划聚集了很多国家(包括中国、印度、日本和美国)共同致力扩展低碳技术的开发和应用。但是，合作并非基于具有约束力的承诺，除了起到信息交流的作用之外，成果寥寥无几。集团的气候变化、清洁能源和可持续发展行动计划也是如此。

到多方因素，因为在最初规模、时间限制和不确定因素的共同作用下，单靠市场的力量、技术改变的速度无法满足缓解气候变化的需求。早期的重大技术突破都是在政府的决定性行动之后产生的。碳捕获和封存（CCS）是缓解气候变化的一项重大技术突破。因为煤炭分布广泛，且它的价格不像石油、天然气等能源一样不断攀升，在主要排放国家（如中国、印度和美国）目前和规划中的能源组合中，煤炭的作用都十分突出。CCS 的重要性在于它提出了燃煤发电接近零排放的承诺。随着与碳定价协调一致的更加积极的公私投资计划的确立，CCS 技术应该能够更快地得到开发和应用。如果这样，美国和欧盟都有能力在 2015 年之前投产至少 30 座示范发电厂（UNDP，2007）。事实上，CCS 技术因为面临着成本高昂、技术研发尚处于初级阶段，且二氧化碳的利用和储存面临很多技术和经济难题，国际上的 CSS 项目运行状况与预期相去甚远。在发展中国家，能效水平低是目前减缓气候变化的一种威胁。通过国际合作提高能效，能够将这种威胁转化为一种机遇，产生巨大的收益。通过考察中国煤炭行业的一个加快技术转让项目对二氧化碳排放量的影响，我们证明了这一点。仅仅对中国而言，2030 年的碳排放量将比国际能源署的预测水平低 18 亿吨，这个数字等于欧盟 2007 年碳排放量的 1/2 左右（UNDP，2007），类似的能效收益也可以在其他领域取得。提高能源效率将创造双赢的局面。发展中国家持续从提高能效和低环境污染中取得收益，其他国家则从二氧化碳减排中获得收益。然而遗憾的是，目前世界上缺乏一种实现这种双赢局面的可靠机制，建议在应对气候变化的框架中制定一项"气候变化减排安排"以填补这个空缺。

要实现低碳技术转型目标，光靠财政资助是不够的，还必须有技术转让和能力建设的共同作用。未来 30 年内发展中国家能源部门所需要的大量新兴投资为技术转型打开了机遇之门，但是技术升级不能通过简单的技术转让过程得以实现，新技术的应用必须辅以知识的增长、多方面能力如维护能力、国际技术升级能力的增强，这方面的国际合作将起到重要的作用。加强财政资助、技术转让和能力建设的合作对于增强《京都议定书》2012 年后框架的可靠性十分重要。没有这种合作，世界将不能走上稳定安全的碳排放轨道来避免危险性气候变化。此外，若没有财政资助，发展中国家将毫无动力去参与那些要求其对能源政策进行重大改革的多边协议。目前，这些零星的举措缺少一个完整的财政资助和技术转让国际框架，所以，当务之急就是建立这个框架。

第二节　气候变化拷问世界共同利益

人是一定要追求无限的，或者以精神追求的方式追求无限，或者以物质追求的方式追求无限。人实际上只能用精神追求的方式追求无限，而不能用物质追求的方式追求无限（卢凤，2000）。但是现代的经济主义告诉我们：人的行为归根结底是经济行为，经济增长是社会福利和个人幸福的唯一源泉。新的发展应谋求三个层次的和谐：在地球生态系统中谋求与其他物种的和谐生存；在人类共同体内部谋求和谐；在个人的心灵中谋求理性、意志和情感的和谐。人类应张扬的主体性是具有亲和性、协调性的主体性，而不是具有扩张性、宰制性的主体性。不让第三世界国家发展显然是不公正的。公平的举措是全球各国共同协商，以共同保护地球。这便又引出一个极具争议的问题：全人类的共同利益问题。

在人类社会经济增长的同时，人类赖以生存的地球生态环境也发生了一些异常的变化。在这种形势下，各国都开始在人与自然关系的框架下，探讨人类未来和社会发展的文化形态问题。世界环境与发展委员会勾画了一幅人类未来的社会发展应当走可持续发展的生态文化的蓝图。我国也率先提出了可持续发展战略，制定了《中国 21 世纪议程》。这不仅是我国社会发展方向的转变，也是思维方式、生产方式、生活方式的一次重大的文化形态的变革；不仅标志着我国社会发展将不再以短期的单纯经济目标为尺度，不会把自然界视为单一的自然，而追求单方面的利用，而且也标志着我国已经开始把发展经济落实到真实的经济与环境、自然与社会、人类文化多样性与生物多样性等被人忽略的有机体关系中来定位，主动承担"只有一个地球"的人类责任；不仅追求在代内与代际公正的基础上对自然资源的明智利用，而且也不忽视在人与自然的生物共同体关系中可持续地相互依存。这是我国文化发展道路和方向上一场重要的变革。"一切人应当被平等地对待"曾经是人类文化发展的标志。

气候变化作为我们对未来管理不善的证据，不仅使数代人在减少极端贫困以及健康、营养、教育等其他领域取得的成绩停滞不前，还将导致倒退。一句话：气候变化正在侵害全球的公共利益。从短期来看，那些比较贫穷的国家及其人民将比其他国家以及人民更快遭受损失。从长期来讲，每个人都难以幸免于难，我们的子孙后代将面临更大的灾难性威胁。当今世界如何应对气候变化将对全人类大部分成员的发展前景产生直接影响。应对行动一旦失败，国家之间的不平等将会加剧，建设更加兼容并包的全球化模式的努力将会受损，"富者"与"贫者"之间的鸿沟将会加大！

一、全球利益决定了气候合作的必然性

太多的矛盾和冲突的存在似乎在暗示人们：气候谈判已经无法进行下去了！事实是否真的如此呢？

气候变化不同于人类所面对的任何其他问题，它促使我们在诸多层面进行不同的思考。首先，它促使我们思考"生活在一个生态上相互依存的人类社会中到底意味着什么？"生态上的相互依存不是一个抽象的概念。我们如今所生活的世界分为多个层次，财富和机会方面的鸿沟将人们分割开来。在很多地区，相互敌对的民族主义就是冲突的根源。在许多情况下，人们将宗教、文化和种族身份视为区别于他人的根源。面对这些分歧，气候变化提醒我们：我们共享

同一个星球，所有国家和地区的人民享有同一个大气层，我们只有这一个大气层！全球变暖是地球大气层不堪重负的证据。二氧化碳是最主要的温室气体，目前，全球大气中二氧化碳浓度已经从工业化之前的 280 ppm（ppm= 溶质的质量 / 溶液的质量 ×1 000 000，也称百万分比浓度，国际上用 ppm 表示二氧化碳浓度）增加至目前的 379 ppm，是过去 65 万年中最高的。这就意味着在 21 世纪，全球平均气温可能会升高 5℃以上，相当于冰河时代以来的温度变化。这些数字和推测结果向我们展示着这样一个不容辩驳的事实：我们将生态上的相互依存管理得一塌糊涂。实际上，我们这一代人正在积欠下一笔我们自己无法承受的生态债务，这笔债务将由未来各代人承受。不公平的地方不只是未来的人们要承受他人之过，贫困的人们将首当其冲地遭受气候变化带来的危害。积聚在地球大气层中的温室气体绝大部分是由富裕国家和它们的人民造成的，但贫困国家及其人民却要为气候变化付出昂贵的代价。

气候变化将悄然损害国际社会消除贫困的努力，直接威胁人类的发展。2000 年，世界各地的政界领导人聚集在一起制定了加快人类发展进程的目标——千年发展目标。二十年来的努力已经取得了不少的成绩，但气候变化将阻碍人们实现这一目标。世界各国人民都受气候变化的影响，但是那些最贫困的人将受到最直接的危害，而资源的匮乏往往使他们在面对危机时束手无策。放眼未来，气候变化将不仅使数代人在减少极端贫困方面停滞不前，而且在健康、营养、教育及其他领域也不再有进步，甚至还会出现倒退。当今世界如何应对气候变化将对全人类大部分成员的发展前景产生直接影响。它减缓了我们实现千年发展目标的进程，加剧了各国内部以及各国之间的不平等。如果我们对气候变化的这些影响置之不理，人类发展将跌入倒退的深渊。事实上，应对气候变化危机的行动一旦失败，世界上 40% 的最贫困者（大约 26 亿人）将前途渺茫，并将加剧国家之间的不平等，建设更加兼容并包的全球化模式的努力也将受到损害，从而加深"富者"与"贫者"之间的鸿沟（UNDP，2007）。

气候变化还将给人类的未来带来灾难。同冷战期间的对峙一样，气候变化不仅威胁贫困的人，也威胁着整个星球，威胁着我们的后代。如不悬崖勒马、迷途知返，必将导致生态灾难。全球变暖的速度、变暖的准确时间以及产生怎样的影响目前还不得而知，但是地球巨大冰盖的瓦解正在加速，海洋正在变暖，雨林系统正在崩溃……这些危险有可能引发一连串的后果，彻底改变我们星球的人文和自然地理状况。今天，贫困者首当其冲地遭受气候变化的影响，明天全人类都将面临全球变暖的危险，温室气体在地球大气层中的快速积聚将从根本上改变人类对于未来气候的预测。全球科学家将危险性气候变化的约定阈确定为超过工业化之前水平2℃，我们正在向这个"临界点"徐徐移动。气候变化引起的不可预知事件可能引发生态灾难，其中巨大冰盖加速崩解就是一个例子。这些灾难将改变人类的居住模式，损害国民经济的活力。我们这一代人也许看不到气候变化的诸多后果，可是我们的子女和他们的子孙除了忍受这些后果以外别无选择。有评论者借故未来发展尚未可知，从而拒绝立即对气候变化采取行动，这是对未来的一种不负责的行为。我们知道气候科学解决的是概率和风险问题，而不是确定不变的事情。如果我们重视子女和子孙后代的幸福，即使发生灾难性事件的风险很小，我们也要采取以保险为基础的预防性措施。正是因为存在不确定性，所以，真正要到来的风险可能比我们目前所预知和理解的大得多！我们这一代人有能力也有责任改变这种后果。直接危险正在向世界上最贫困的国家及其最脆弱群体严重倾斜。然而，没有永远风平浪静的港湾，富裕国家及其人民尽管没有直接面对日渐逼近的灾难，但是最终也难以避免受到这些灾难的影响。因此，预先采取措施缓和气候变化将是全人类避免未来灾难的基本保障。

气候变化将世界上贫困者的命运与尚未出生者的命运联系在一起，它提出了关于各国、各代人的社会正义、公平和人权的问题。之所以讨论这些意义深远的问题，是因为我们的出发点是抗御气候变化的战役能够并且必须取胜。这个世界既不缺乏开展行动的财力也不缺乏技术能力,倘若我们不能阻止气候变化,必定是因为我们缺乏进行合作的政治意愿。事实上,气候变化因为与社会和政治没有直接的联系,长期以来确实没有被重视起来。但是现在看来,气候变化已经成为全球的一项严重威胁,不仅威胁全球的经济发展,还将严重影响国家安全。

人们常常忽略这样一个事实:各个国家对气候变化的责任和脆弱性是成反比的。富裕国家的公开争论越来越关注发展中国家不断增加的温室气体排放所带来的威胁。这种威胁固然存在,但它并不能掩盖根本问题。曾经有人思考倘若印度遵循英国的工业化模式将需要多少颗星球,我们无法回答这个问题。不过,《2007/2008年人类发展报告》中估计,假若全世界的人按照一些发达国家的速度产生温室气体的话,我们得需要9颗地球(UNDP,2007)。虽然世界上的贫困者在地球上留下的碳足迹很浅,但是,他们首当其冲地受到气候变化的影响。受发展水平限制,不同的国家和地区对气候变化的反应有着不同的意义。富裕国家应对气候变化意味着调整空调温度,适应时间更长、温度更高的夏季,以及适应季节的变迁。像伦敦和洛杉矶这样的城市,在海平面上升的时候可能会遇到洪水危险,不过它们的居民受到精心设计的防洪系统的保护应该都会安然无恙。与之相比,当全球变暖改变非洲之角①的天气模式时,那里的庄稼将歉收,人们会挨饿,妇女和儿童要花费更多时间取水。而且,无论富裕国家的城市未来遇到什么风险,恒河、湄公河和尼罗河这些大河三角洲的农村

---

① 非洲之角位于非洲东北部,是东非的一个半岛,因其如犀牛角状向印度洋突入而得名。尽管靠近赤道,但非洲之角基本上属于干旱地区。连年战乱和频繁遭遇自然灾害,使它成为世界上营养不良最严重的地区,并不断遭遇人道主义危机。从1982年到1992年,非洲之角大约有200万人死于战乱和饥荒。2011年7月20日,联合国发布声明说,严重干旱正威胁着非洲之角人民的生活,索马里南部两个地区已经进入饥荒状态。这是联合国自1984年埃塞俄比亚饥荒后首次正式宣布非洲饥荒。

和发展中国家中杂乱无章的城市贫民窟，将难以抵抗气候变化带来的风暴和洪水。气候变化带来的危害越来越多，人们对它的影响越来越难以抵挡。危害固然是自然进程的产物，但也是由人类的行为和选择造成的。应该说，这是人类在生态上相互依存的另一个方面，但却常常被人们遗忘。当美国城市的市民打开空调或者欧洲人驾驶车辆的时候，他们的行为就产生了多种后果。这些后果将他们与孟加拉国的农村社区、埃塞俄比亚的农夫和海地的贫民窟居民联系起来，因此他们需要承担道德义务，包括思考并且改变对其他人或者未来各代人造成损害的能源政策的义务。

气候变化是一种威胁，伴随着这种威胁而来的还有机遇。气候变化是一场正在酝酿的人类悲剧。假如全世界现在就采取行动，将21世纪全球气温升高幅度控制在超过工业化之前水平2℃的阈限以内还是有可能的（仅仅是有可能）。要实现这个目标，需要强有力的领导能力和空前的国际合作。当今世界可以借此团结一致，共同应对阻止进步的危机。放任这场正在酝酿的人类悲剧发展，是一次触犯人类良知的政治失误（UNDP，2007）。它预示着对世界上贫困者和未来各代人人权的彻底侵犯和普遍价值观念的倒退。防止危险性气候变化也带来了制订多边解决国际问题方案的希望。今天，政治领导人和世界人民必须在尊重普遍人类价值和系统与大规模地破坏人权之间做出抉择。

气候变化危及全球利益，同时也在拷问世界共同利益。正如上文所讲到的，我们生活在一个严重分化的世界中。极度贫困与繁荣潜伏着冲突的危机，宗教和文化认同上的差异导致了国家与民族的紧张，民族主义之间的相互竞争已经对集体安全造成了威胁。在这种背景之下，气候变化让我们注意到了人类生活的一个严峻事实：我们共有同一个地球。无论人类来自何处，秉承怎样的信仰，都生活在同一个世界。气候变化让我们认识到，环境这条纽带也将人类紧密相连：人类共享同一个未来。面对气候变化问题，我们必须在团结一致、共同解决问题和单打独斗、最终灭亡之间做出抉择。出于对社会公正的要求和对人权的尊重，也出于对后世子孙前途的高度负责，我们必须马上行动。全球共同利益决定了国际气候合作是我们的唯一选择。

　　制定遏制气候进一步恶化、保持大气资源良性循环的真正行之有效的立法措施是极为重要的。正是由于地球的整体性以及各子系统之间的相互依存性，世界各国在气候变化问题上才具有共同利益，才能够达成较多共识，易于进行合作。因为只有合作才能够降低交易成本，减少不确定性，更有利于实现各国的国家利益。气候变化问题是一个典型的"全球伦理问题"。从内容上看，气候伦理学基本上是生态伦理学的延伸，但是又有别于以往的生态伦理学。以往的伦理学基本上是局限于人与自然的关系问题，探讨得较多的问题是人类在追求发展时如何与自然保持和谐。气候变化使得问题变得尖锐了，它转变了人类追求发展的模式，使得人的危机感空前强烈，发展道路面临彻底转向的问题，从而极大地增强了生态伦理学的重要性。此外，气候伦理牵动了国际层面的伦理问题。以往的生态伦理学基本上忽视或者轻视了国际层面的生态治理，而气候伦理学最关键、最富有争论的问题就是如何在国际层面实现公正、平等、协调一致，如何在国际层面实现效率与公平的统一（徐保风，2010）。

二、公平与效率是国际气候合作的焦点

　　应对气候变化，集体行动不是选择而是必需之举。这个必需的选择将由谈判调节能力差别极大的政府完成，强大的既得利益集团也将表达它们的意愿。各国政府谈判的时候，必须考虑这两个声音有限但是对社会正义和尊重人权提出强烈要求的当事方：世界上的贫困者和未来的各代人。政治领导人聚集在国际峰会上制定的那些发展目标目前对气候变化的影响甚微，我们需要的是在全球团结一致的前提下应对气候变化的那些实实在在的行动。每天都面对极端贫困和严酷饥荒、忙于改善生活的人民最有权呼吁人类团结，他们有权得到更多的东西。当我们的子女和他们的子女的未来（甚至是生存问题）悬而未决的时候，

他们有权要求富裕社会承担高标准的责任。作为气候变化问题中的"无辜者"，他们应得的不是政治领导人看到人类面对挑战却裹足不前。坦率地说，目前有关气候变化的国际谈判中，很多人一直都没有真正意识到危险的临近，并且面对挑战推诿责任。这种情况造成的后果将是世界上的贫困人民和我们的后代无法承受的。另外，某些发达国家领导人言行不一，对气候变化威胁的说辞和本国的能源政策严重不符，这种行为所带来的后果也是穷人和未来的人所不能承受的。抗击危险的气候变化是为全人类而战的一部分。要赢得这场战役，最重要的是对一些事情持有公正的看法：对生态相互依存的看法，对世界上的贫困者享有社会正义的看法，以及对未来各代人的人权和法定权利的看法。要赢得这场战役，还必须在消费、生产能源、能源定价、国际合作等方面进行影响深远的调整变革。

明确气候变化问题的三个特征是避免气候变化危险的重要前提。第一个特点是人类社会发展的惯性和气候变化长期得不到缓解所带来的后果，二氧化碳和其他温室气体被排放后在大气层中驻留很长时间，目前还没有迅速削减温室气体存量的措施。22世纪之初的人们将忍受我们排放温室气体所产生的后果，就像我们正在忍受自工业革命时起就开始排放的温室气体那样。时间间隔是气候变化惰性的一个重要后果，即使采取严格的减排措施，在21世纪30年代中期之前，减排行动也不会对平均气温变化产生重大影响。换句话说，当今世界尤其是贫困者大体上都不得不忍受我们已经为他们"设计好"的气候变化。气候变化问题的第二个特点是紧迫性。这也是气候变化惰性的必然后果。在国际关系的诸多其他领域，无所作为或者推迟达成协议的代价都是有限的。例如，国际贸易的谈判可以中断也可以恢复，不会对基础性制度造成长期损害。而气候变化却不是这样。达成减排协议每推迟一年，温室气体存量就会增加，未来气温也会因此升高。历史上没有明显的类似情况可以与气候变化问题的紧迫性相比。冷战期间，大量核弹头瞄准各个城市，对人类安全构成了严重威胁，而"无所作为"却是遏制风险的一种策略。对比之下，对气候变化无所作为必然导致温室气体进一步增加。气候变化问题的第三个特点是它的全球性规模。来自中国的温室气体与来自美国的等量温室气体影响相同，空气的不停流动使得一个国家的碳排放量就是另外一个国家气候变化问题的原因。所以，面对气候变化，没有哪个国家可以单独取得胜利，集体行动不是选择，而是必然。本杰明·富兰克林在《美国独立宣言》上签字的时候曾说过："你我必须携手走向康庄大道，要不这样，毫无疑问，你我都会分别踏上穷途末路。"面对全球气候危机，在我们这个苦乐不均的世界里，如果不能制订集体解决方案，有些人（特别是贫困者）也许会比其他人更早地踏上穷途末路。所幸的是，这场威胁所有人和所有国家的危机是可以被制止的。

公平与效率是国际气候合作的焦点。气候变化问题的三个特征也让我们认识到了国际气候合作的焦点问题的解决办法，那就是必须讲求公平与效率。所谓讲求公平，就是保证资源的分配和责任的承担都要做到公正、平等。一个国家从宪法上承认公民有平等享受健康环境的权利，就消除了只有消费得起的人群才能享受环境权利的限制。这不仅有助于促进平等，并且将环境权纳入法律体系，还将对政府优先考虑和配置资源产生影响。它对政府优先考虑和配置资源的影响主要体现在政府关于优先考虑和配置资源方面要讲求公正，使弱势群体优先得到照顾，并且任何社会政策的制定不能影响社会的平等。国际社会合作应对气候变化问题力求平等也有着一样的意义。全球温室气体排放权的分配要讲求公正，就必须考虑弱势群体的社会保障，考虑发展中国家的现状，立足于人文发展权益，必须保障发展中国家的基本发展权益。应对气候变化问题的效率问题主要体现在两个方面。一个是要在意识到减排刻不容缓的前提下立刻量力而为，采取措施。这里讲的不仅仅是发达国家，发展中国家也一样。还有一个是发达国家要对发展中国家承担技术和资金上的援助义务，这项义务不停留在口头、停留在一次次没有法律约束力的协议中，而是要扎扎实实落到实处。

讲求效率就是要把这些技术的支持和资金的援助尽快落实到位。相应地，受援助的国家和地区应该积极行动，配合发达国家的技术和资金，使减排行动尽快开始并保证有效。至于公平与效率的排序问题，各方意见不一。当前比较盛行的是"公平优先原则说"。"公平优先原则说"认为全球温室气体的减排行动应当是公平原则优先，效率原则是公平原则的辅助。这个说法的根据：生存权与发展权是人权中最重要的权利，若以效率原则处理全球环境问题，将不可避免地使发展中国家背上减排义务的负担，势必会影响发展中国家的"发展"这"第一要务"，必然会减缓发展中国家的经济发展，影响千年发展目标的实现。更重要的是，发展中国家的不发展将会不可避免地削弱其应对气候变化的能力（董德利，2012）。

当前，世界各国政府应该已经认识到了全球变暖的现实和趋势，但是具体到行动存在诸多不足。当然，这些"不成熟"的表现也有其深层次的原因。"知行合一"是中国伦理道德史上处理理论与实践关系的重要理论，它的本意中，"知"是强调意志之自觉于善，它不仅要求意志之向善，并且要求克除心中不善之念，也就是"行"。知行合一是一种境界，知行同步更是很难实现。在缓解气候变化问题上，人类社会的"知"能尽快地指导我们的行动，是有效途径之一，可事实上，各个国家的政治行动却远远滞后于人们所知道的。实现宏伟的气候变化减排目标要求我们今天就必须在低碳经济转型上有所投入，这些投入的成本将主要由当代人承担，且富裕国家应该承担更多的成本。部分国家已经制定了目标，但是没有进行相配套的能源政策改革——这些改革将有助于它们的减排计划尽快落到实处。有些发达国家甚至还没有制定任何减排计划。当然，这些"不成熟"的表现有其深层次的原因。而更深层次的问题是，要避免危险性气候变化，我们所需要的时间将跨越正常的政治周期，实现我们的宏伟目标——避免危险性气候变化，不能依靠某一届政府独立完成。事实上，任何一届政府都乐意致力于完成那些能够尽快见到效益的工作，也就是所谓的"政绩"，这样才能对它们的人民有所交代。像气候变化这样的问题，虽然人们都认识到了它的重要性，可是对它投入的最终利益将惠及各国各代而不仅仅是本国的人民，从时间上来看不能尽快见到收益。投资这样一个项目，对于任何一届政府都是比较困难的事情。

　　基于以上分析，我们不难发现：应对气候变化，我们缺乏一种避免危险性气候变化的途径。要解决这个问题，这个世界就需要有一个描绘这种途径的明确的、可靠的和长期的多边框架。当前是打开机遇之门的绝佳时期，错失这个机遇将使世界在危险性气候变化的道路上愈陷愈深。打开机遇之门，发达国家必须以身作则，要对气候变化问题承担历史责任，而且发达国家有财力、有技术尽早大力减少碳排放量。我们期盼的这个多边框架应该把这些问题纳入考虑的范围。

第三章 共同责任与区别责任

全球变暖已成为可以证明的地球面临的最大威胁，人类对此负有不可推卸的责任。出于社会公正的要求、对人权的尊重以及生态上的相互依存，国际社会已经决定选择合作应对气候变化问题。但是，落实到具体行动上，应对气候变化这项全球性的挑战因为与它相关的、颇具争议的不确定性责任问题而变得复杂起来。虽然已有可靠的证据表明气候变化是人类活动造成的，但是关于如何将这项因素纳入政策很难达成共识，这个难点的关键就是对造成气候变化的责任的认定。只有把这个问题解决了，应对气候变化问题的行动才能真正落到实处。

时至今日，应对全球化环境危机的最大争论焦点仍是责任分配和权利担当，区别化责任和共同承担意识仍在激烈交锋，"分歧突出地体现为世界发达国家和发展中国家之间的观点分歧"（洪大用等，2011）。发达国家已经完成了工业化进程，进入了信息化和后工业化时代。广大发展中国家正处在工业化初始阶段，科技落后、资金匮乏、基础设施不完善、人员素质不高、管理效率低下等落后的状况目前并未得到有效改观，甚至连基本生存需求也得不到保障，客观上存在诸多发展劣势，迫切需要发达国家给予援助并承担"共同但有区别的责任"。"全球秩序还必须有另一种道德原则的补充，这便是关爱地球生态系统、节制物质贪欲的原则。"（卢风，2011）为了消除国家利益分歧主导的消极对抗和激烈冲突，必须摒弃狭隘的地区保护主义，坚持在平等对话原则的基础上达成道德共识，在全社会牢固树立兼容济世意识。联合国教科文组织提倡不同国家和地区努力消除冲突，寻求默契，"文明对话是人类可持续发展和平等发展的必然步骤"。这种包容心态是持久和平和历史传承的基础，有利于顾全大局，从自身实际情况、利益诉求和全球共同预期出发，通过文化交融达成共同行动的制度基础和合作框架。

第一节　共同责任与区别责任的概念和内涵

全球变暖已经开始[①]。不同于以往的任何问题，它是一个全球现象，需要全球集体行动、共同努力。在"危险性"气候变化与"安全的"气候变化之间没有什么一成不变的界限，超过 2℃的阈限，人类发展遭受大规模挫折和生态灾难的不可逆转的风险将急剧增加。世界上的最贫困者和最脆弱的生态系统已经被迫努力适应危险性气候变化。对于发展中国家来说，气候变化最严重的不公平就在于发展中国家不可避免地要为气候变化的不利影响承担与自身责任不相称的社会和经济负担。按照"谁污染，谁付费"原则，应根据各自在气候变化中的作为来确定应对气候变化责任的区别，绝不能借"全球问题需全球解决"之名混淆不同国家和地区的不同责任。

一、共同责任

自 18 世纪中叶进入工业革命时代以来的近一百年时间里，煤炭、石油相继为人类的前进提供了动力，机械化给人们带来了巨大经济利益和大量资本积累。直到 1962 年《寂静的春天》[②]问世，一直处于欣喜之中的人们才突然意识

[①] 工业化开始以来，世界气温已经上升了 0.7℃左右，而且世界气温升高的速度还在加快。

[②] 蕾切尔·卡逊是美国的海洋生物学家，她的作品《寂静的春天》促进了美国以及全世界的环境保护事业的开展。

到环境已经被遗忘了太久。保护国际环境，需要一项既能够适应国际环境问题的新情况又能约束各国行为、促使各国形成共同环保意识的原则。共同责任原则就是在这样的背景下诞生的。共同责任是指两个以上的人共同实施违法行为并且都有过错，从而共同对损害的发生承担责任，如加害人为两个以上的人，所有加害人共同对受害人承担责任。共同责任最早是国际环境法的基本原则。作为命运共同体的人类，对大自然的问题承担共同责任是不言而喻的。但是，世界上各个国家在大小、强弱、贫富、发展程度以及资源禀赋等各个方面存在很大差别，故而难求一致。事实上，"共同责任"既不应该是"不同责任"，也不应该是"相同责任"，它强调的是责任的共同性。

共同责任具有与时俱进的生命力，主要表现在它可以结合不同国家的具体情况来确立同一时期不同的具体行动安排。面对气候变化问题，各国应该承担共同责任，但是各国承担的责任又是有所区别的：发达国家在工业化过程中向全球生态系统中排放了大量温室气体，累积造成了当前的严重环境污染问题，甚至时至今日，发达国家仍然是全球主要的能源消耗者和温室气体排放者；因为缺少资金和技术支持，发展中国家面临生存压力而进行的经济发展过程也对全球环境造成了较大的、不可避免的破坏。显然，为了减少温室气体排放，确保发展中国家不再使气候变化雪上加霜，当务之急是改革发展技术。在这个问题上，发达国家起着决定性的作用，关键是发达国家是否愿意对发展中国家施以援手。所以说，应对气候变化问题，首先要改变的是深层次观念上的对立情绪。从国家实践的角度来看，共同责任要求各国在针对环境问题所采取的特殊应对措施方面达到国际一致的"底线"，而并不是要求各国承担同一时间起点、等量（总量或单位量）的财政义务或经济限缩义务（傅前明，2010）。应对气候变化问题需要承担共同责任，共同责任要求各国协同一致，同心协力地共同解决问题。

气候资源是全球共享的人类生存不可或缺的条件。全球气候变化在很大程度上是由人类盲目的生产、生活方式造成的；气候变化问题是典型的全球公共物品问题。在整个历史长河中，地球始终摇摆在冷暖之间。如今我们看到的气候变化速度正越来越快，其强大的规模和模式是无法用自然循环解释的。大量的科学证据显示，温度升高与大气中二氧化碳和其他温室气体浓度有关，这些气体保留了部分外流的太阳辐射，因此提高了地球的温度。正是这种自然的"温室效应"才使得我们的星球适于人类居住。要是没有这种效应，地球温度将降低30℃。如今的保暖周期与以往不同，在当前的保暖周期中，二氧化碳浓度提高的速度很快。在工业化之前，大气中二氧化碳的存量提高了1/3（至少在过去的2万年中，这种速度是史无前例的）。IPCC第四次评估报告证实了这一结论，指出"如果没有外部因素，几乎没法解释全球气候变化"；换句话说，近代全球变暖现象有90%的可能是由人类排放的温室气体造成的，也就是说气候变化主要是由人类活动排放大量二氧化碳等大气温室气体所造成的。所以说，应对气候变化问题，是人类社会应该共同承担的责任。

气候变化的影响具有全球性。最近几十年，随着气候的实际变化和气候变化研究的进展，IPCC报告尤其是第四次报告的公布，人类对自身活动对气候变化影响的认识不断加深。IPCC第四次报告指出，1750年以来，受人类活动的影响，全球二氧化碳（CO_2）、甲烷（CH_4）和氧化亚氮（N_2O）的浓度都显著升高，目前其浓度值已远远超过根据冰芯记录的工业化之前几千年的浓度值（IPCC，2007）。二氧化碳是最主要的温室气体，全球大气中的二氧化碳浓度已经从工业化之前的280 ppm增加至目前的379 ppm，是过去65万年中最高的。化石燃料的使用是导致二氧化碳浓度升高的主要原因。全球大气中的甲烷浓度值已经从工业化前的715 ppb增加到2005年的1 774 ppb，也是65万年以来最高的。观测到的甲烷浓度升高很可能来源于人类活动，其中农业和化石燃料的使用是重要来源，目前对其他来源的定量认识还不足。全球大气中氧化亚氮的浓度值已经从工业化之前的270 ppb增加至2005年的319 ppb，约1/3的氧化亚氮源于人类活动，农业活动是主要的来源之一。正如上文所言，造成气候变化的原因概括起来可分为自然因素和人为因素两大类，其中自然因素包括外部强迫因子和气候系统内部变化两种，人为因素包括人类消耗化石燃料以及破坏森林、草地等引起大气中温室气体浓度升高。人类活动与气候变化的原因相联系，目前研究认为人类在近几十年来已经成为推动全球气候变化的主角。自工业革命以来，人类对地球的作用程度及影响呈现加速的趋势，以至于人类成为全球环境地质作用的"第一物种"。20世纪中后期以来,伴随着社会的高速发展，人类对地球大气环境的影响已经成为生态动力的重要组成部分，特别是在气候加速变暖的过程中,人类的作用成为主要原因,而且这个趋势还将持续下去（德斯勒等，2012）。

积极、稳妥、有效地应对气候变化事关全球福祉，解决气候变化危机最终将有赖于每一个"地球村"公民的自觉行动。气候变化的影响具有全球性，有些地区所受的影响会尤为严重，因为气候变化对全球的影响不均衡。气候变化问题之所以难以应对，是因为与之关联的能源消耗牵涉一个国家国民经济的各行各业，也直接关系到每一个地球公民的生产、生存和生活方式。转向低碳消费，鼓励开发新低碳技术、研发低碳产品，从而推动经济转型，形成生产力发展新趋势，是应对气候变化的必然选择。解决气候变化危机最终将有赖于每一个公民的自觉行动，践行可持续性消费，从而推动社会生产与生活方式的转变。消费者作为能源消费的终端，他们的低碳消费选择将促使企业不得不进行技术革新，降低能耗，提高资源的利用率，实行环境友好的生产方式。这正是所谓的低碳转型的原动力和希望所在。碳预算分析从新的角度阐明了人们对发展中国家在全球温室气体排放中份额的忧虑。虽然它规定提高发展中国家的排放份额，但是它不应当转移人们对于富裕国家应承担基础责任的关注。所以，我们要实现将温室气体浓度稳定在二氧化碳当量 450 ppm 的目标，就需要深入调整全球温室气体的排放。据估计，为了避免危险性气候变化，富裕国家需要至少减排 80%，在 2020 年之前将温室气体排放量削减 30%；发展中国家温室气体排放量将在 2020 年达到顶峰，须在 2050 年之前削减 20%。稳定排放目标很严格，但成本却是可以承受的。从现在起至 2030 年，年平均成本将达到 GDP 的 1.6%。这不是无关紧要的投资。实际上，这项投资还不到全球军费开支的 2/3。如果发生灾难性结果，束手无策后需付出的成本肯定是更加高昂的。思恩特在《气候变化的经济学》中运用不同的计算方法计算，结果发现到 21 世纪末才开始实施行动，那么成本将达到世界 GDP 的 5%~20%（UNDP，2007）。审视温室气体排放趋势突出了未来挑战的规模。1990 年是《京都议定书》约定的减排参考年。自此以后，与能源有关的二氧化碳排放急剧上升，并且并非所有的国家都批准了《京都议定书》的目标。假如这些目标获得批准，发达国家的平均碳排放量将减少大约 5%，但是大多数批准该目标的发达国家尚未履行它们的承诺，并且《京都议定书》没有对发展中国家的碳排放量制定任何的数量限制。如果在接下来的 15 年中碳排放量遵循过去 15 年的线性趋势，那么危险性气候变化将不可避免。避免危险性气候变化造成史无前例的威胁需要空前的国际合作和集体努力。2012 年多哈气候大会规定发达国家减排义务的第一承诺期为 2008—2012 年，挪威等国将参加第二承诺期，并且《京都议定书》作为具有法律约束力的减排框架得到了维持。但只有当全球碳排放可持续之路落实成为具体的国家战略，并制定行之有效的国家碳预算，会议的决议才具有真正的意义。

二、区别责任

1972 年《人类环境宣言》中的相关内容让"区别责任"得到了初步的体现。区别责任即有区别的责任，是指有关国际环境保护问题的国际公约和国际共同行为中，为不同发展情况的国家设立不同标准的义务，使之更加符合发达国家和发展中国家的国情和能力。基于生态上的相互依存关系，对于气候变化，全球应该承担共同责任。区别责任应该说是对共同责任的一个限定，它的出现应该是基于这样一个事实：每个国家都应该尽自己的一份力为保护全球环境负责任，也就是说各国对这件事情负有共同的责任，即大家都有责任。可是，这些责任并不能平均分配。坚持公平的原则，意味着各国对这项责任的承担量是根据历史和现在他们各自对地球生态造成的破坏和压力来定。在承担应对气候变化这一共同的责任上，发达国家理应负担更大的责任，应为缓解气候变化做出自己力所能及的努力。

相对于共同责任而言，我们更需要强调区别责任。共同责任实际上只是我们共同解决全球环境问题的一个倡导，在实践中真正发挥实质作用的还是区别责任。我们似乎可以这样理解：在该原则中，区别责任是关键，是核心。在现实中，区别责任是实现共同责任的有力工具。共同责任不代表实行平均主义。从这个意义上说，区别责任是对共同责任的限定。在保护和改善全球环境这一问题上，各国之间，主要是在发展中国家与发达国家之间，其责任是有区别的，要与它们过去和当前对地球环境造成的伤害挂钩（刘晗，2012）。在全球环境恶化这一问题上，发达国家着重强调共同责任，而发展中国家应着重强调区别责任。根据当前人类对气候变化问题的认识程度和历史数据，在气候变化认定责任的国家归属上，发达国家是造成气候变化的主要责任者。当然，区别责任不等于没有责任，更不能成为任何国家逃避应对气候变化所应该承担责任的托词和借口。

应对气候变化，各个国家和地区需要承担区别责任。历史责任是区别原则的事实根据。根据世界资源研究所、美国橡树岭国家实验室等机构对世界各国温室气体排放的分析，在20世纪以前的相当长的时间里，95%以上的人类温室气体排放是由《气候公约》附件二的发达国家缔约方造成的；最近几十年来，非附件一的发展中国家缔约方的排放贡献才开始慢慢增长。尽管如此，发达国家对全球1900—2005年间的二氧化碳累积排放量的贡献仍高达74%以上（李俊峰等，2011）。这清楚地表明，大气中温室气体温度的上升和增强的温室效应主要是发达国家造成的。不容置疑的事实一再证明，和其他的国家相比，一些国家在过去已经排放了过多的温室气体，甚至达到了地球能承受的上限，以至于引起了气候变化。这是一个可以量化的事实，气候变化正是温室气体累积排放的结果。这个事实应该作为目前我们分担既成负担的基础和前提。考虑到"谁污染，谁付费"的公平原则，从因果关系和道德责任的原则出发，发达国家应该为既成的负担承担他们应该担负的那些更多的、更深层次的责任（Garvey，2008）。这些在应对和缓解气候变化的行动中应该具体体现。从历史的角度来考查，发达国家是全球环境问题的始作俑者。从现实的角度来衡量，发达国家依然是主要的污染物排放者和资源的消耗者。根据矫正正义论，如果一个人伤害了另一个人，这个人应该向受害者提供补偿。由于发达国家对气候变化问题承担主要责任，因此，他们就应该支付全部或绝大多数的减排成本。"谁污染，谁付费"的原则就是从矫正正义论中派生出来的。因此，富国对解决气候变化问题负有特殊的义务。学者们几乎一致认为，发达国家应当承担应对气候变化的主要成本，而欠发达国家应该允许在可预知的将来增加排放。基斯教授 2000 年在分析国际环境法的基本原则时指出："一个法律秩序的基本原则在法律的制定、发展和适用中发挥着重要作用。基本原则高于普通规则，普通规则必须以基本原则为基础。"按照基斯教授的理解，国际环境法的基本原则对于国际环境法的一般规则的形成和发展具有重要的指导作用。道德法则亦如此。基于"谁损害，谁赔偿"的原则，各国应该根据对气候变化的"负贡献"的量的差别，在承担气候变化带来的"负担"方面采取区别原则。这种区别首先体现在量的承担上。在温室气体的排放控制方面，罗伯特·艾尔斯 2001 年分析指出：显然，工业化国家对此负有责任，因为正是工业国家在过去的一个世纪排放了大部分的二氧化碳和其他的温室气体。"谁污染，谁付费"原则可以应用于应对气候变化问题。日本学者岸根卓郎认为，现在的问题是追求物质丰富性的工业技术及以它为背景的城市化社会的异常性膨胀导致了环境的破坏，并且导致贫富差距日益扩大，严重的环境现状是发达国家只顾享受通过工业化获得物质丰富性，而将其对气候的欠账强加给发展中国家造成的（岸根卓郎，1999）。这些观点令人深思。很明显，坎昆会议上日本和美国试图将发达国家对全球环境损害所应负的治理责任转嫁或者分摊给发展中国家的态度，是有失公允的。

另外，各个国家的现实减排空间和能力是区别原则的现实基础。发达国家与发展中国家的减排空间存在明显的差异性。《框架公约》明确规定，经济和社会发展及消除贫困是发展中国家缔约方首要的和压倒一切的优先任务，要切实保障发展中国家的发展权。当前很多发展中国家正处在工业化、城市化和大规模基础设施建设时期，需要合理的碳排放空间。现实减排能力和减排空间的不同，要求在确定各国的具体责任时，从历史与现实的角度出发，全盘考虑各国对气候变化问题的发生所起的作用，统筹兼顾各国的经济技术实力等多种因素，使之在责任承担的范围、时间和方式等多方面有所差别。发达国家与发展中国家的减排能力也是不同的。毋庸讳言的是，对国家基本的经济和社会条件的比较能够反映各国解决气候变化问题的能力。有资料显示，美国的平均个人收入水平是发展中国家的 10 倍和不发达国家的 30 倍（凯文·A.鲍默等，2002）。有数据显示，发达国家与发展中国家之间的人均收入的差距越来越大。对于那些最无力应对全球变暖而又对其产生并不该承担主要责任的人来说，全球变暖已经威胁到了他们的生命安全。南半球居民遭受了气候变化带来的最严重的影响，并且预计将承受 21 世纪温室气体增加量的 2/3，尽管他们因人数不断增加而受到环保主义者和科学家的谴责，可是给全球大气和其他维持生命的体系造成最大压力的却另有其人。为了成长、煮饭、保暖、建造住所或者庆祝节日，每个人都需要排放适量的温室气体，这些都是为了维持生计所必需的。而与之相反的是，尽管欧洲和美洲人数要少得多，可是他们产生的二氧化碳和其他温室气体却比南半球国家多得多。不发达地区的人民为了维持生计所必需的气体排放与富人的过度排放形成鲜明对比。富国把属于大众的大气层用来过度排放温室气体,其实属于托马斯·阿奎那所讲的"偷盗"[①]行为。为了对这些行为做补偿,发达国家有义务去保证发展中国家的生存权和发展权。

目前,个别发达国家对"共同但有区别的责任"原则还是颇有微词,不时以维护全球利益或者人类共同利益为幌子来攻击发展中国家,欲使发展中国家尽早承担实质性的温室气体控制义务。这些国家在宣扬全球利益和全球最优经济效率的同时,只谈共同责任,不讲有区别的责任,默认了发达国家与发展中国家的历史排放和现实排放存在巨大差异的合理性,回避发展中国家在较低发展水平条件下现实能力的不足,漠视发展中国家谋求生存和发展的现实需要,因此不可能得到公正的结论(陈迎,2002)。一言以蔽之,发达国家不应该本末倒置,以共同责任为遁词逃避自身的责任。从现状来看,发展中国家应当在"共同但有区别的责任"原则的基础之上构建气候变化政策和伦理,以应对气候变化问题。这应该是我国制定气候变化政策的伦理基础。

第二节　"共同但有区别的责任"原则

气候变化的国际合作对于所有的国家来说,既是负担又存在潜在的利益。说是负担是因为应对气候变化需要投入,这对于每个国家而言都是一样的。说是潜在的利益是因为这项投入势必会有回报,且无论从经济角度还是受益人群的角度来看,回报必然大于投入。总之,这项举动无论从哪个角度来看都是应该奉行的。因此,应对气候变化就把关于国际正义尤其是国际分配正义的问题摆在了我们面前。鲍尔·G.哈里斯认为国际分配正义指的是"与国际关系相关联的利益、负担和决策权在各国之间的一种公正、平等的分享"(王曦,

---

[①] 中世纪哲学家托马斯·阿奎那认为过分的财富积累就是偷盗。

2002）。应对气候变化，"共同但有区别的责任"原则应该是基本的道德原则。

一、"共同但有区别的责任"原则的由来及内涵

"共同但有区别的责任"原则的提出可以追溯到 20 世纪 70 年代。1972 年《人类环境宣言》指出：在发展中国家，环境问题大半是发展不足造成的。因此，发展中国家必须致力发展，牢记它们的优先任务以及保护及改善环境的必要（王曦，2002）。这使得"区别责任"得以初步体现。要照顾发展中国家的特殊性，在确定承担保护和改善全球环境的具体责任方面就必须要区别对待了。20 世纪 80 年代起，全球环境恶化日益严峻，国际社会对环境问题的认识有了进一步的深化。"共同但有区别的责任"原则的正式提出是在 1992 年的里约会议上。里约《联合国环境与发展大会宣言》明确声明："鉴于导致全球环境退化的各种不同因素，各国负有共同但有区别的责任。""事实上，共同但有区别的责任被纳入了 20 世纪 80 年代以后通过的所有全球环境公约中。"（王曦，2002）"共同但有区别的责任"原则在里约联合国环境与发展大会（简称环发大会）之后得到了长足发展。1997 年的《京都议定书》对其附件二所列缔约方（主要是发达国家）的温室气体排放量做出了人类历史上首次具有法律约束力的定量限制。该议定书通过各种具体的法律措施和手段体现了"共同但有区别的责任"原则的实践品格。

"共同但有区别的责任"原则的实施绝非一路坦途。迄今，发达国家对其国际环境责任的承认还是不充分的，而且发达国家对其承诺的义务也迟迟未见实质意义上的履行。如 2009 年 12 月 19 日落下帷幕的哥本哈根气候变化会议，就是由于苏丹、委内瑞拉和玻利维亚等国家的反对，缔约方会议才没有通过《哥本哈根协议》。哥本哈根会议中最大的立场之争是关于"共同但有区别的责任"原则的政治辩论。中国、印度、巴西和南非（BASIC 四国）在多次谈判场合重申坚持"共同但有区别的责任"原则。然而，时任美国总统奥巴马甚至

在 2009 年 12 月 18 日领导人会议上发言将"共同但有区别的责任"修改为"共同但有区别的回应"（Common But Differentiated Responses）。2010 年 12 月 10 日结束的坎昆会议的谈判案文在主办国墨西哥的协调下取得了一些进展，但《京都议定书》第二承诺期问题却犹如一座难以跨越的大山横亘在各国代表面前。日本顽固地坚持不再履行《京都议定书》第二承诺期的立场，给世界做出了非常糟糕的"榜样"。俄罗斯、加拿大等国意欲效仿日本。美国长期以来游离于《京都议定书》法律框架之外，对议定书第二承诺期更一直持敌对态度，是国际气候变化谈判的最大绊脚石。对于美国的现状，坎昆大会根本无法拿出一套应对方案来。发展中国家对发达国家消极应对气候谈判进程的态度极不赞同。玻利维亚代表要求各国坚决履行议定书第二承诺期，并获得了委内瑞拉等国的积极响应。两大阵营的界限分明。发达国家试图再次偏离甚至废弃"共同但有区别的责任"原则是该次气候大会的焦点之一。

如前所述，"共同但有区别的责任"是指由于地球生态系统的整体性和导致全球环境退化的各种不同因素，各国对保护全球环境负有共同但是又有区别的责任；也就是说，"共同但有区别的责任"原则包含两个互相关联的内容，即共同的责任和有区别的责任。作为一项国际环境法基本原则，"共同但有区别的责任"有两层含义：第一，国际社会中的各个国家，无论其大小、贫富，均对全球环境保护负有共同的责任，都应当积极参与其中；第二，发达国家在经济发展过程中对资源的长期掠夺、消耗以致对环境造成巨大压力，决定了世界各国在全球环境保护问题上负有共同责任的同时，发达国家较之发展中国家须承担更大的或是主要的责任。"共同的责任"是指由于地球生态系统的整体性，各国对保护全球环境负有共同的责任。它主要着眼于"参与"，旨在要求发达国家和发展中国家都要参与国际环境保护事务。但"共同的责任"并不意味着每个国家的义务都是同等的。"有区别的责任"是对共同责任的一个限定，它要求发达国家和发展中国家在环境保护义务的承担上有所区别，发达国家在全球环境的保护和改善方面应比发展中国家承担更多的义务。作为京都框架的基础之一，"共同但有区别的责任"原则并不意味着发展中国家应当无所作为。任何多边协议的可靠性都取决于发展中国家中的主要排放国的参与情况。但是，平等以及人类发展必须扩大能源获得途径的基本原则，要求发展中国家可以灵活地按照与其能力相符的速度向低碳增长道路过渡。

"共同但有区别的责任"凝聚了国际社会的共识。因人为作用导致的气候变化对人类的生活影响日益加剧，尽管现在对气候变化发生的技术原因仍存有见仁见智的理解，人类社会却已一致地认识到了危机的现实恐惧性。自1992年《框架公约》签署之后，现在已有近190个国家成了公约缔约方。公约的签署和生效，表明了人类对气候变化这一生态危机的共同焦虑和担忧，愿意为应对危机承担共同的责任并采取共同的多样性行动。正因为此，基于历史性、现实性、类型具体性和平衡性的考虑，经过艰辛的讨价还价，该公约共识性地达成了各国在应对气候变化方面，负有"共同但有区别的责任"原则。"共同"申明应对气候危机是人类的共同要求和行为，各国有共同的责任和义务。"区别"指明各国特别是发达国家和发展中国家，在承担责任和履行义务方面有着不同的要求。发达国家因其在形成危机的历史和现实过程中负有主要的责任，且实际上拥有雄厚的经济、技术和管理力量，理所当然地应承担应对危机的主要责任和更多的义务。发展中国家则根据自身的实力，承担与其能力相适应的次要责任，包括减少资源浪费、控制砍伐森林和减少污染物排放量等。这一原则反映了不同国家在经济发展水平、历史责任、当前人均排放水平上的差异，也凝聚了国际社会的共识。

二、"共同但有区别的责任"原则的道德合理性

（一）可持续发展：人类的共同责任

在世界环境与发展委员会于1987年提交给联合国大会的报告《我们共同

的未来》(*Our Common Futureor Brundtland Report*)中，可持续发展观被正式提出。报告第一次明确提出了可持续发展的定义。之后，可持续发展的思想和战略逐步得到各国政府和各界的认可与赞同。可持续发展首先是从环境保护的角度来倡导保持人类社会进步与发展的。它号召人们在增加生产的同时，必须注意生态环境的保护与改善。它明确提出要改革人类沿袭已久的生产方式和生活方式，并调整现行的国际经济关系（王南林等，2001）。目前的发展模式必须得到调整，否则世界气温上升将大大超过2℃的阈限[①]。全球变暖已是不争的事实，对此大家已经达成共识：气候变化并非气候本身使然，人类排放的二氧化碳是地球变暖的主要原因。当前的气候变暖90%是人类向大气排放温室气体造成的。日益强烈和高频的极端气候足以证明气候变化对地球的致命影响。气候变化影响的不仅仅是现在的人，还有未来的人及他们的生活。对人类的责任感要求我们对未来人的生活问题进行反思。要挽救我们的星球，就必须减少导致地球温度上升的以二氧化碳为主的温室气体的排放量，且必须把总排放量控制在一定的范围之内。地球的可持续性思想呼吁所有国家共同努力。导致全球环境恶化的主要历史和现实原因是生产和消费的不可持续。如果我们现在关心的是采取行动的具体建议，就需要考虑温室气体排放的可持续发展水平。这也就是说，只有在一个提案能保证这个排放量水平是可持续的时候，我们才可能继续讨论这些排放公正和公平分配的问题。达成这个结论须依靠两点：我们关于气候变化的科学知识和我们的价值观（特别是我们对于我们生命的价值观）。

气候变化或许是不断增加的人类问题当中的一个最为重要的公地问题[②]。当人们可以自由免费地享用有限的资源时，人们往往会过度使用它。这是因为：

----

① 要将气温上升2℃的可能性限制在50%以内，需要将温室气体浓度稳定在二氧化碳当量450 ppm。如果浓度达到二氧化碳当量550 ppm，超过该阈限的概率将达到80%。

② 在1968年发展的《公地悲剧》这篇重要科学论文中，贾瑞特·哈丁论述了一些他认为没有技术性解决方案的问题，并在论文中设置了现代人众所周知的一个场景。

一部分的滥用会以耗尽资源的方式把成本施加于其他人身上，而这种成本是他们自己不予考虑的，因为享用是免费的。更糟糕的是，如果这些人不使用资源，那么其他人就会使用，基于此，人们就会有动力在他人使用之前先使用资源。这也就是说，如果使用是免费的或者说使用者不必为转嫁到他人身上的这种成本买单，那么他们就会倾向于滥用资源。我们有限的"碳排放空间"和哈丁的牧场是一样的，不一样的是一旦出现"公地悲剧"，他们失去的只是牧场，而我们的碳排放空间一旦出现"悲剧"，失去的就是整个人类了。为了避免悲剧的发生，我们所有的"牧民"必须共同担起责任，控制自己的私欲，保持我们"牧场"的可持续性。什么是共同责任？保护和改善人类环境是关系到全世界各国人民的幸福和经济发展的重要问题，也是全世界各国人民的迫切希望和各国政府的责任。眼下的现实正如时任联合国秘书长潘基文 2010 年 11 月 31 日在南京大学演讲时所讲的："越是拖延，人类在竞争力、资源和生命等方面付出的代价就越高。"

正如国内国际环境法知名人士所言："共同但有区别的责任"是基于人类共同利益的。（李耀芳，2002）气候变化导致的一系列严重后果，损害的不是某一个人、某一个地区、某一个国家的利益，而是全球人民的共同利益。毫无疑问，应对气候变化应当成为当今人类的共同责任。面对气候变化，地球上的所有国家的人们共同构成了一个人类共同体，大家休戚与共、相互依存，具有不可分割的共同利益，一方的发展绝不能以牺牲其他各方的发展为代价，一方的价值、利益实现也必须以其他各方的价值、利益为前提。这一瞬间，全球意识已经超越了国际、民族、群体等意识，成为一种新的思维方式和观念。人类作为一个整体应有其独立的价值，我们必须突破民族国家私利的桎梏，因为，在环境问题上没有哪个国家、哪个民族可以独善其身！

（二）历史责任原则是应对气候变化的基本道德原则

在国际环境利益问题上存在的明显不公正现象正严重制约着国际社会对环境伦理的认同和践行。发达国家所认可的环境伦理和环境期待与发展中国家所需要的环境伦理和环境期待是不可同日而语的。由于具有先发优势，发达国家会更加强调环境的持续性，而发展中国家由于经济发展的强烈需要，更加注重现实的改造和环境利用。事实上，某些西方国家的环境利己主义昭然若揭。西方发达国家应当承担环境失衡的主要义务，也应当承认他们对于发展中国家的生态恶化负有不可推卸的责任。美国前总统卡特曾坦率地说："世界环境中的大多数问题是富国造成的，他们是日本、美国、欧洲和其他国家。"

正如前文所述，在 20 世纪以前的相当长的时间里，95% 以上的人类温室气体排放是由《气候公约》附件二中的发达国家缔约方造成的；最近几十年来，非附件一中的发展中国家缔约方的排放贡献才开始慢慢增长；发达国家对全球 1900 年到 2005 年期间的二氧化碳累积排放量的贡献仍高达 74% 以上（李俊峰等，2011）。这清楚地表明，大气中温室气体浓度的上升和温室效应的增强主要是发达国家造成的。这个事实应该作为目前我们分担既成负担的基础和前提。考虑到"谁污染，谁付费"的公平原则，从因果关系和道德责任的原则出发，发达国家应该为既成的气候变化问题承担其应该担负的更多、更深层次的责任（Garvey，2008）。这些在应对和缓解气候变化的行动中应该具体体现。

正如上文中所讲到的，根据矫正正义论，如果一个人伤害了另一个人，这个人应该向受害者提供补偿。由于发达国家对气候变化问题承担主要责任，因此他们就应该支付全部或绝大部分的减排成本。在温室气体的排放控制方面，罗伯特·艾尔斯分析指出：工业化国家对此负有责任。坎昆会议上日本和美国试图将发达国家对全球环境损害所应负的治理责任转嫁或者分摊给发展中国家的态度是有失公允的。目前，个别发达国家对"共同但有区别的责任"原则还颇有微词，认为该原则只谈共同责任，不讲有区别的责任，因此不可能得到公正的结论（陈迎，2002）。

（三）"共同但有区别的责任"是减排行动付诸实践的现实基础

如果我们应当做某事是一种命令，那么，我们就能够做某事。这是著名的康德法则——"应当意味着能够"。应当之事就是不得不做的事，道德应当体现一种基于理性理念的秩序，应当体现可能世界与现实世界的关系。自然万物中唯独人有"应该"，因而唯独人有尊严。人是有人格的，因此，每个人都能够做到普遍法则无条件地命令他应该做的。只要是道德法则要求人应该做的，人就一定能够去做，并且一定能够做好。这样一种信念，无论是对于我们每一个有限的生命还是对于我们整个人类，都是不可或缺的。

回到气候变化这个话题。当前各个国家的人均碳排放量是不均衡的，总的来讲，发达国家的碳排放量总体上大于发展中国家，而且发达国家的碳排放量在一定时期内依然会高于人口较多的发展中国家。气候变化对各个国家和地区造成的现实压力是有差异的。实际上，一些平等的权利或者权益的概念及生存性排放的重要性都指向一个结论：一个有限的、宝贵的资源应该平均分配，除非我们有一些道义上的从平等出发的标准。我们也知道，地球上穷人和富人的能力是不同的。所有这些都帮我们得出一个结论：关于适应与缓解气候变化所形成的负担，发达国家应该承担更大的份额。之所以如此，是因为发达国家与发展中国家在减排空间和减排能力上存在较大的差异性。首先，我们来看看减排空间的差异性。《框架公约》明确规定，经济和社会发展及消除贫困是发展中国家缔约方首要的和压倒一切的优先任务，要切实保障发展中国家的发展权。从历史与现实的角度出发，应全盘考虑各国对气候变化问题的发生所起的作用，统筹兼顾各国的经济技术实力等多种因素，使之在对责任进行承担的范围、时间和方式等多方面有所差别。相关数据显示，发达国家与发展中国家之间的人均收入的差距也越来越大。世界银行发布的《2000年世界发展指标》指出，居住在63个贫穷国家、占世界人口57%的人民的收入仅占世界总收入的6%，平均每人每天不到2美元（李寿源，2003）。据世界银行的定义，年收入在450美元以下的就是"赤贫"（麦克迈克尔，2000）。世界银行《2010年世界发展指标》显示：有数据的87个国家中只有49个有望实现摆脱贫困的目标，约41%的中低收入国家的人口居住在不太可能实现这一目标的国家，还有12%的人口生活在60个没有足够数据可供评估进展的国家。可见，有相当多的发展中国家处于赤贫线下而苦苦挣扎。这些数据也证明了发达国家在经济和技术上的优势是发展中国家无法比拟的，这就是发达国家在保护和改善气候变暖方面，应当率先承担更大、更多责任的重要现实条件。

（四）公正原则

应用"共同但有区别的责任"原则处理全球问题由来已久。一般认为，此原则是从衡平原则的适用中发展而来的（金瑞林，1998）。衡平原则以正义、良心和公正为基本原则，以实现和体现自然正义为主要任务。

"共同但有区别的责任"原则是公正原则在国际社会处理气候变化问题中的体现。公正是一个社会的全体成员相互间恰当关系的最高体现，它以一切人固有的、内在的权利为基础，这种权利源于自然法面前人人皆有的社会平等。公正是人类社会一直追求的美德和理想，也是古往今来的基本价值观之一。诚如当代著名学者哈特所说：在对法律调整进行道德评价方面，公正是一个"占有最为显赫之地位"的概念，法学家们对法律及其实施加以称道或指责时，公正或不公正是被使用得最频繁的一组词（哈特，1996）。罗尔斯的论述更为详尽和精辟，他认为对于社会和经济的不平等，应使其符合处于最不利地位成员的最大利益（1988）。环境公正就是公正思想在环境领域的体现，该原则是针对在美国环境实践中出现的"环境不公"而于20世纪80年代被提出来的，一般是指"所有人，不分世代、国籍、民族、种族、性别、阶级、贫富等，都平等享有安全、清洁及可持续性环境之权利,以及免受环境破坏的危害之自由"(蒋国保,2004)。另外,环境资源的利用者在获利的同时理应为环境退化的恶果"买单",而不得将其转嫁给他人。

《框架公约》第3条规定了"在公平的基础上,并根据它们共同但有区别的责任和各自的能力"保护气候系统的条款。长期以来,公正是国际法本身的一个因素,公正原则已经被视为国际法的一部分。公正原则并非"平均主义",实质性的公正应体现为分配正义(博登海默,1987)。应对气候变化的公正原则要求各国参与减排及其指标的分配必须依照"正义"的标准。承认"有区别的责任"才能实现"实质的公平",是公平承担责任原则在国际环境领域的体现(博登海默,1987)。"有区别的责任"主张气候变化责任在各国间的合理分配:一方面,要求发达国家率先采取行动减少国内的资源消耗和污染排放,并为发展中国家提供资金、技术帮助;另一方面,各发展中国家在积极参与全球环境行动的同时,则不必承担具体的公约减排义务。很显然,有区别的责任与正义在内涵和要求上是完全一致的。

从历史上看,发达国家在国际环境问题的产生中扮演了主要角色。第一,在200多年的工业化进程中,发达国家大量消耗自然资源、大量排放污染物的发展模式造成了众多的国际环境问题。第二,发达国家对发展中国家的殖民侵略也是国际环境问题产生的重要原因。"殖民主义一开始就带有生态或环境殖民主义的印痕。也就是说,殖民统治的一项重要内容就是野蛮地掠夺、破坏殖民地的自然资源,使殖民地成为其宗主国的原料产地、产品的集散地和过剩资本的投资场所。第二次世界大战后,广大殖民地国家纷纷独立,政治意义上的殖民统治开始褪色,而生态和环境意义上的殖民侵略却更加突出。"(李培超,2001)凭借着国际政治与经济上的主导地位,发达国家一方面仍从发展中国家获得廉价的原料,另一方面又将大量的污染物转嫁给了发展中国家。可以说,一部发达国家的经济发展史就是一部资源高消耗、环境重污染的发展史,同时也是一部发展中国家的血泪史。第三，就国际环境问题现状而言，发达国家仍然是导致全球环境持续恶化的主要因素。世界银行 2006 年出版发行的《绿色数据手册》中指出，发达国家的资源人均消费水平普遍比发展中国家高。发达国家的人口不足世界总人口的 20%，但能源消耗却超过世界总量的一半。UNDP 在 2007 年在北京发布的人类发展报告中指出，发达国家排放大量温室气体的趋势，至今没有得到遏制，每年大气中 45% 的温室气体是它们所为。现有的危险废弃物产量，发达国家占到了 90% 左右。既然发达国家是国际环境问题产生的主要因素，那么要求发展中国家和发达国家承担同等的责任便有违公平原则。

地球是人类共同的家园，气候变化与环境保护是全人类共同的课题，气候变化是史上最大的"集体行动"问题。为了避免公地悲剧在气候变化问题上重演，保证全球的可持续性发展，结合历史责任和现实能力，并保证可付诸实践，我们可以这样理解"共同但有区别的责任"：它是指由于地球生态系统的整体性和导致气候变化的各种不同因素，各国对应对气候变化（减排）负有共同但是又有区别的责任；也就是说，在缓解和适应气候变化方面，所有国家都负有共同的责任，但是责任的大小必须有所区别；体现在实践中就是发达国家要承担更多的减排任务，并根据发达国家各自的减排能力率先减排，为气候变化负起责任来。

第四章　权利与义务

应对气候变化，伦理学的作用何在？李开盛认为伦理学将是理念先导者，因为伦理学能让更多的国家和人民意识到面对全球性问题应该坚持权利与义务的对等。公平正义的理念在传播过程中得以加强，将有利于从理念、观念和舆论上推进各国间气候变化的谈判与合作，从而达成一个各方都能接受的、更合理的、更可行的框架（杨敏等，2013）。气候变化问题涉及人类生存和发展的权利与对自然界保护的义务、发展中国家发展优先的权利与发达国家对发展中国家援助的义务、当代人类发展的权利与保障后代人类生存的义务。保护和改善全球气候环境是国际社会面临的紧迫任务，世界各国应当共同承担保护和改善气候环境的义务。

第一节　气候变化问题中的生存权、发展权和环境权

无论谈及人类生存的权利与人类对自然界保护的义务还是发展中国家发展优先的权利与发达国家对发展中国家援助的义务，又或是当代人类发展的权利与保障后代人类生存的义务，都离不开这几个概念：生存权、发展权和环境权。理解这几个概念的内涵，并厘清气候变化和它们的关系，是谈论三对权利和义务的前提和基础。

一、气候变化与生存权

西方很早就有人提出人的生存权问题。马克思认为生存权是"一切人类生存"和"一切历史"的第一个前提；换句话说，生存权就是国际人权公约上的"相当生活水准权"①。相当生活水准权就是人人有权使他自己和家庭保持相当的生活水准，包括有足够的食物、衣着和住房，并能不断改进生活条件。实际上，气候灾害对贫困者的生活的影响极为突出。因为诸如旱灾、洪水和风暴等事件经常光顾那些受灾者。它威胁人们的生命，使人们感觉自己的生活毫无保障。气候灾害也损害了人类长期发展的机遇，削弱了生产力，降低了人类的生存和发展能力。具体来讲，没有哪一种气候灾害，我们可以很明确地将其归责于气候变化，可是气候变化却实实在在地正在使贫困者面临更大的风险，使贫困者的脆弱性更加严重。它将使早就不堪重负的反应机制承受更多的压力，使人们的处境每况愈下。尽管各地区对气候灾害侵袭的抵御能力不尽相同，但是卡特里那飓风还是非常明确地提醒人们：即使是最富裕的国家，人们在面对气候变化的时候一样是那么软弱无力。当气候变化的影响同制度上的不公正共同作用时，这一点显得尤为明显。这也就是说，虽然气候灾害高度集中在贫困国家，但纵使是发达国家的民众也只能愈来愈担心遭受极端气候风险的可能。气候变化不会宣告它本身是贫困者生活中的灾难性事件，但是气候变化将加大贫困家庭和脆弱家庭遭遇气候灾害侵袭的可能性，而且随着时间的推移，气候灾害侵袭可能持续不断地损害人类的生存和发展能力。这最终将使人们看到"气候变化将加剧全球贫富差距"这一事实。

很显然，气候变化给人们生活的方方面面带来了深刻影响，已经严重影响了相当一部分人维持自己和家庭相当生活水准的权利。农业是世界上大多数贫

---

① 关于相当生活水准权（the right to an adequate standard of living），国内学者有的将其翻译为"适当生活水准权"或"充分生活水准权"等。

困人口的主要生活来源，也是世界上所有人类生存的物质基础。自然环境对维持农业生产有一定的帮助，如调节土壤养分和水循环等。健康的生态系统是满足人口日益增长的粮食需求的重要基础，而气候变化导致的环境恶化将严重威胁到人们的生计和粮食安全。从当前可见的事实来看，气候变化对那些收入严重依赖自然资源的人的影响尤其大。在世界范围内，目前约有 13 亿人在从事农业、渔业、林业、捕猎和采集活动，他们直接依赖环境资源而生，而环境恶化势必危及他们的生计。农村贫困人口的收入严重依赖于自然资源，当处于困难时期的时候，那些通常不从事与自然资源相关活动的人也可能会临时涉入这些活动。环境的恶化对作物产量、鱼类供应、森林产品开采、捕猎和采集活动的影响不尽相同，对某些人造成的伤害可能会比对其他人的更大一些。如果说气候变化影响人类生存权，那么最有代表性的案例应该是原住民社区，反常的天气变化和暴风雨对依靠自然资源维持生计的原住民社区造成了相当严重的伤害。虽然原住民只占世界人口的 5%，但是他们拥有、占用或者使用（通常都基于沿袭权利）的土地面积却高达世界土地面积的 22%，并且这些土地上生活着地球上 80% 左右的生物。原住民及其社区合法拥有的森林面积占全球的 11%。据估计，约有 6 000 万原住民完全依靠森林资源维持生计。他们大多生活在生态系统特别容易受到气候变化影响的地区（如小岛屿发展中国家、北极地区、海洋沿线和高海拔地区等），并依靠捕鱼、打猎和农耕生存。气候变化导致的自然环境的恶化已经赤裸裸地在剥夺他们的生存权。除此之外，从越来越多的极端天气灾害到海平面上升导致的水源和土壤盐碱化，以及气温上升造成的传染病变种繁衍加剧，都是气候变化导致的结果。环境恶化带来的健康风险不仅危害严重，而且种类繁多。气温升高将扩大虫媒传染病和鼠媒传染病的影响范围，加快其传播速度，并扩大疟疾、蜱媒脑炎和登革热等病的流行区域。2011 年一项针对 19 个非洲国家进行的研究发现，气候变化将导致更多的 5 岁以下的儿童出现腹泻、急性呼吸道感染和营养不良等现象（UNDP，2011）。

随着温度的不断上升，人类面临的高温压力也会越来越大，未来将会有更多的人死于中暑，尤其是城市居民和患有呼吸道疾病的人。所以说，气候变化已经严重危及人类的生存权。

二、气候变化与发展权

发展权是在 20 世纪 80 年代提出并逐渐形成、丰富、充实起来的一项重要人权。1970 年，塞内加尔法学家、联合国人权委员会委员卡巴·穆巴耶在《作为一项人权的发展权》的演讲中首先提出了"发展权"的概念，并强调了发展权的重要性。他说："发展，是所有人的权利，每个人都有生存的权利，并且，每个人都有生活得更好的权利，这项权利就是发展权，发展权是一项人权。"其后，联合国教科文组织前法律顾问卡雷尔·瓦萨克又提出了"三代人权"的理论，把发展权称之为第三代人权[1]。1979 年，第 34 届联合国大会通过了《关于发展权的决议》，首次在全世界范围内确认发展不仅是各个国家的特权，也是个人的特权。《发展权利宣言》于 1986 年通过，指出"每个人和所有各国人民均有权参与、促进并享受经济、社会、文化和政治发展，在这种发展中，所有人权和基本自由都能获得充分实现"。1993 年世界人权大会通过的《维也纳宣言和行动纲领》对发展权作了进一步阐述。正如《发展权利宣言》所声明的，人是发展的中心主体。要想在执行发展权利方面取得持久的进展，国家一级须推行有效的发展政策，以及在国际一级创造公平的经济关系和一个有利的经济环境。

在国际气候大会上也出现了关于发展权的讨论。发展中国家有发展权，发达国家也有发展权，这二者本质上是有区别的。发展中国家所讲的发展是指为

----

[1] 在他看来，第一代人权形成于美国和法国大革命时期，主要是指公民权利和政治权利；第二代人权形成于俄国革命时期，主要是指经济、社会及文化权利；第三代人权是对全球相互依存现象的回应，主要包括和平权、环境权和发展权。这一有关发展权的理论，逐步被广泛认同。

了维持基本生活方面的社会生产力的发展，主要包括：消除极端贫穷与饥饿、降低儿童死亡率、普及小学教育、改善产妇保健、促进男女平等并赋予妇女权力等方面。而在发达国家，这些问题都不再是问题，其发展的侧重点在于保持现有生活的高标准。我们可以用下面的数字来说明问题：富裕国家人口占世界人口的15%，但是却在使用90%的预算；如果发展中国家也仿效发达国家的做法，使发展中国家每个人的碳足迹与高收入国家的平均碳足迹相同，那么人类需要6个地球才能承受；如果全球人均碳足迹与澳大利亚人均水平相同，我们需要7个地球；如果按照美国和加拿大的人均碳排放量，我们将需要9个地球（UNDP，2007）。这些数字在告诉我们，发展中国家和发达国家的发展不光侧重点不同，其满足目标的本质也不同：如果说发展中国家是为了满足基本生活所需的话，发达国家无疑是在满足奢侈性需求。所以说，二者的本质是不同的。人类发展是关于人的发展，关于如何增强人的能力、扩大人的实际选择和实质自由的发展。有了选择和自由，人们才能过上他们所珍视的生活。人类发展中的自由与选择并非不受限制，贫困潦倒、疾病缠身或者目不识丁的人民，无论从哪种意义上讲都无法过上他们所希望过的生活。同样，公民权和政治权可以影响改变人们生活的抉择。如果人们丧失了这样的权利，也难以过上想要的生活。21世纪，气候变化将是影响人类发展前景的决定性因素之一。全球变暖将影响生态、降雨、温度和天气系统，最终直接影响所有国家，任何人都无法幸免于难。长期来看，全人类都将面临这些风险，但是全球最贫困的人最不堪一击，最容易受到冲击，也是这种风险的最直接受害者。气候变化将使发展不足的人类世界雪上加霜。气候变化对未来影响的时间、性质和规模尚难确定，但是可以预测的是全球变暖必将加剧现有的种种不利趋势。人们居住和谋生手段的结构将成为他们处在不利地位的明显标志。世界上的穷人们集中在生态脆弱的地区、旱涝灾害高发地区和生活极不稳定的城市贫民窟中，他们尤其容易遭受气候变化带来的危险，并且缺乏处理这些危险的资源。所以说，发展中国家的发展权必然具有优先权。

三、气候变化与环境权

最早谈及环境权的是《东京宣言》："我们请求，把每个人享有其健康和福利等要素的环境的权利和当代传给后代的遗产应是一种富有自然美的自然资源的权利，作为一种基本人权，在法律体系中确定下来。"环境权被作为一项人权加以肯定是在 1973 年通过的《欧洲自然资源人权草案》中，随后该草案成为《世界人权宣言》的补充。

全球气候变化是地球环境遭受破坏的重要表现。全球气候变化在很大程度上是由人类盲目的生产、生活方式造成的。全球表面平均温度变化是衡量气候变化最重要的指标。如果把 50 年作为一个区间，在过去 1 300 年里所有的"50 年"中，最近半个世纪的温度可能是最高的。最近的间冰期大约始于 12 000 年前，目前世界温度已经达到或者接近这一期间的最暖纪录。有充分的证据显示，气温升高正在加快。1850 年以来的 12 个最暖的年份中 11 个年份在 1995—2006 年间；在过去的 100 年当中地球温度上升了 0.7℃；尽管每年差异很大，但如果以 10 年作为一个间隔期，那么过去 50 年的线性变暖趋势几乎是过去 100 年的两倍（UNDP，2007）。大量的科学证据显示，温度升高与大气中二氧化碳和其他温室气体浓度有关，这些气体保留了部分外流的太阳辐射，因此提高了地球的温度。正是这种自然的"温室效应"使得我们的星球适于人类居住，要是没有这种效应，地球温度将降低 30℃。如今的保暖周期与以往的不同。在当前的保暖周期中，二氧化碳浓度提高的速度很快。在工业化之前，大气中的二氧化碳存量提高了 1/3（至少在过去的 2 万年中，这种速度是史无前例的）。对冰芯的研究显示，目前大气浓度已经超过去 65 万年的自然极差。在二氧化碳存量增加的同时，其他温室气体浓度也在提高。目前保暖周期的温度变化并不特别，特别的是人类首次使周期发生了决定性的变化。过去的 50 多万年以来，随着燃烧和土地用途的变化，人类一直在向大气中排放二氧化碳。但是，气候变化可归结于能源使用的大变革。煤炭、石油和天然气改变了人类社会，极大地促进了财富和生产力的提高，但也导致了气候变化。人类活动发生在没有国界之分的生态系统中，对这些系统的不可持续管理不仅会对环境造成影响，也会对今天和未来人类的健康生活造成影响。这也就是说，气候变化导致了更为广泛的环境恶化。气候变化是导致气温、降雨、海平面上升和自然灾害的主要原因，冲突的发展模式必须加以改革，否则经济增长与不断增加的温室气体排放之间的联系可能会危害近几十年人类发展的非凡进步。退化的土地、森林和海洋生态系统都会对人类的福祉构成长期威胁。

四、气候环境与人类发展

人类发展与气候变化，或者说人类发展与气候环境问题有着怎样的关系呢？过去，我们通常会认为人类发展与环境保护水火不容，注意力便集中在全球环境恶化趋势上。譬如全球变暖和其他令人担忧的气候变化现象，总是与经济发展相伴而来。从表面上看，发展似乎导致了环境恶化。相应地，热衷于发展的人也常常指责环保人士"反发展"，因为他们经常以所谓的对环境不利为由反对一些能提高收入和减少贫困的举措。这样一来，两个界限分明的阵营就形成了：一方主张减贫和发展，另一方拥护生态和环保。

发展和可持续环境之间的矛盾真的无法调和吗？人类发展观应该为我们回答这一问题提供方向。发展是从实质上扩大人类的自由，这也是人类发展的初衷。从这一更为广泛的视角来看，要对发展作出评价就不能不思考人们所能拥有的生活和享有的实际自由。从一开始，有关人类发展观的讨论就认为发展不仅仅是实现提高便利水平这一单一目标。这一观点对于我们澄清环境可持续性的问题至关重要。这也就是说，我们不能撇开生态和环境问题来谈发展。实际上，人类自由的重要部分和影响人类生活质量的关键因素都有赖于良好的环境，包括我们呼吸的空气、饮用的水、我们生活于其中的环境等。发展必须考虑到环境，认为发展和环境势不两立的观点违背了人类发展观的核心原则。

人们有时候会将环境误认为是一种能够进行衡量的"自然"状态，如森林覆盖率、地下水位等，这种理解是有缺陷的。首先，环境的价值问题不只是"有"与"无"的问题，还在于环境实际上给人类提供的机会。在评价环境的充裕程度时，环境对人类生活的影响同其他因素一样应被纳入考虑的范围。按照人类发展的观点，人类发展中最重要的不只是人们的需要得到满足，而是人们可以自由做其有理由做的事情。即便不能扩大这种自由，也应该保持这种自由（UNDP，2007）。例如，防止物种灭绝是人类发展观不可分割的部分，首先，负责任地对气候变化进行思考，保持生物的多样性很可能是我们要关心的问题之一。其次，环境不仅需要被动保护，更要求人类积极努力。我们不能只根据现有的自然条件来思考环境问题，因为环境也包括人类创造的成果。如净化水就是改善生活环境的措施之一，消除流行病是人类改善环境的一个典型例子。

积极的方面并不能掩盖眼前的事实：社会经济发展也能在很多方面产生严重的环境破坏。我们必须明确并坚决地制止这些负面影响。很多人类活动可能造成了破坏性后果，但如果及时采取行动，人类有能力抑制和扭转其中很多不良的后果。调节经济发展和环境之间的矛盾，需要人类进行有效的人为干预，制定阻止环境破坏的政策。如加大媒体宣传力度可以让我们更清楚地意识到以环境为导向进行思考的必要性。实际上，为确保环境的可持续性，人人参与非常重要。我们应该进行反思，综合协商以做出评价，而不能将人类评估这一重要问题简化为技术论者的公式计算。在应对气候变化和环境危机的时候，我们需要公众参与。公众参与应该是人类发展观的一项重要内容。人类区别于其他动物的最重要特征就是能够思考和相互讨论，以及有做出决定并付诸实践的能力。在应对气候变化这一全人类公共问题的时候，我们要充分利用人类这一得天独厚的能力。

第二节　权利与义务不对称：
造成气候变化危机现状的根本原因

人类的生存与自然的生存是平等的，人类在拥有享用自然的权利的同时，必须尽到维护自然的义务。在应对气候变化的进程中，发展中国家的发展权必须得到充分和有效的保障。出于"谁污染，谁付费"原则和对自身利益的维护，发达国家有向发展中国家提供资金、信息、基础设施和社会保障等方面支持的义务。当代人在实现自身发展权的同时，不能忽视后代人的生存和发展。人类在生产生活中对这些权利与义务的不对称对待导致了气候变化的危机现状。

一、人类生存的权利与人类对自然界保护的义务不对称

在我们看来，生存权是生命权与生命延续权的统一。人类的生存权只有在大自然和谐的怀抱中才能实现。义务的履行和权利的保持是相辅相成的。行使权利，必须承担义务；不承担义务，就必然丧失权利。

人类有在自然中生存的权利。自然并非由人类所创造，而人类则由自然所创造。人类应尽保护自然界的义务。人类作为道德活动的主体，其权利与义务总是统一的，在社会生活中如此，在对待人与自然关系时亦是如此。显然，在这里，义务的履行和权利的保持是相辅相成的。这体现了人类对自然万物前途命运的责任和对自己的前途命运的责任的一致性。同时，阶层分化也内在地反映了自然资源消耗的群体性差异。例如，在城市发展和房地产开发过程中，土地特别是耕地和林地的征用和管制虽然有相关法规的明确制约和规定，但是行政人员、执法人员与生产商的"利益均沾"促使铤而走险的违法行为屡禁不止。在荀子看来，"先王制礼"的目的在于协调"物"与"欲"的矛盾。其中，规

范执政与执法人员的行为是全社会实现自上而下建设生态文明的重要保障。但是，人类在享用权利和履行义务的行动上却并不对称。人尽情地享用着自然，甚至是无拘无束、无所制约地享用着自然，但显然忽略了对自然保护的义务。发现并宣传敢于同损害生态环境行为做斗争、为优化生态环境做贡献的先进人物的先进事迹，是进行自然道德建设的重要一环。要在社会中形成一个以损害生态环境为耻，以同损害生态环境行为做斗争、为优化生态环境做贡献为荣的社会文化氛围。

究竟应该如何处理人与自然的关系？正如恩格斯所讲的，"人通过他所做出的改变来使自然界为自己的目的服务，来支配自然界"。工业革命之后人类社会对自然资源无节制、不持续的利用达成了经济发展的眼前利益。但是我们不要过分陶醉于我们人类对自然界的胜利。对于每一次这样的胜利，自然界都对我们进行了报复。自然界对我们的报复就是今天的气候变化问题日益严峻。人类为了短期的经济利益，大肆利用自然资源，完全毫无节制，导致了今天我们面临的可能危及人类种族延续的气候变化。在这个过程中，我们应该逐渐认识到人类的活动必须服从自然规律。基于此，笔者认为：人的生存与自然的生存是平等的。人的生存首先是与自然界休戚与共的。

越是司空见惯的东西，人们给予的关注就越小。长期以来，人们对大气司空见惯，但是对地球碳吸收能力却没有给予足够的关注。在这个正在走向危险气候变化的世界中，改变这一状况要求人们以全新的视角思考人类的相互依存关系。经过长期的、往往是痛苦的经验积累，经过对历史材料的比较和研究，人类应该渐渐学会认清我们的生产活动对社会所产生的间接的、较深远的影响，才有可能去控制和调节这些影响。但是，要实行这种调节，仅仅有认识远远不够。为此，我们需要对直到目前为止的生产方式，以及同这种生产方式相联系的生活方式进行变革。只有这样才能更好地处理好人与自然之间的关系，达到人与自然之间权利与义务的对称。

二、发展中国家发展优先的权利与发达国家对发展中国家援助的义务不对称

对于发展中国来说,它们有一种发展的要务,或者说"发展是它们的第一要务"。这不仅是因为它们有变得富裕的权利,而且是因为这样一个过程对可持续性有着直接的意义。发展中国家的发展权务必要得到保障。相关的所有研究都表明,发展中国家参与减排是有效率的,且事实上,最经济的减排可能来自发展中国家。经济和社会发展及消除贫困是发展中国家缔约方的首要的和压倒一切的优先任务。在共同应对气候变化的进程中,发展中国家的发展权必须得到充分的和有效的保障。发达国家有向发展中国家提供资金、信息、基础设施和社会保障等方面支持的义务。之所以由发达国家负责这项义务,不仅仅是出于遵循"谁污染,谁付费"原则,更主要是出于对发达国家自身利益的维护。

首先,应该保障发展中国家的发展优先权利。早期的人类发展报告已开始关注环境威胁,包括全球性水危机和气候变化等。第一部人类发展报告就强调拥有一个安全环境,即有"洁净的水、食物和空气"对人类自由的重要性。《1994 年人类发展报告》探讨了人类安全问题。1998 年的《人类发展报告》指出,使贫困人口遭受环境退化(酸雨、臭氧层消耗和气候变化)的最大影响是不公平的。《2006 年人类发展报告》揭示了在用水方面存在的不公平现象及其对人类发展的影响。报告显示,生活在撒哈拉以南非洲地区贫民窟的民众比纽约和巴黎的居民在饮用水方面的成本更高。《2007/2008 年人类发展报告》基于人类发展的视角来强调气候变化的代价,包括气候突变和"适应性隔离"现象引起的代际贫困陷阱。该报告是第一份研究全球气温上升所造成影响的重大发展报告,这些影响表现为冰层的融化、局地降雨格局的变化、海平面的日渐上升以及一些脆弱性群体的被迫适应。

目前,全球变暖已经被世界各地的人民视为对其福祉的严重威胁(UNDP,2010)。地球面临有史以来最大的挑战——人为引起的气候变化的威胁及其潜

在的灾难性后果（在 1990 年还未预料到），这一点已得到越来越多的认同。各种人类发展报告和其他重大报告推动了政策环境的转变，并加深了对包括气候变化在内的环境变化和可持续性发展的认识。人类发展和可持续性发展两者之间密不可分。人类发展的核心是普世精神，这一点可追溯至伊曼努尔·康德的观点。人类发展要求对子孙后代给予和当代人一样的重视。人类发展如果不具有可持续性，就不是真正的人类发展。

人类发展要求人们有自由和选择权去满足其需求、欲望和要求。当然，尚未出生的后代无法为自己做出选择，但是我们这些在世者能为他们保留其在未来发挥主观能动性的条件。人类发展还表明代内公正和代际公正同等重要。

气候变化是当前国际社会普遍关心的重大全球性问题。气候变化既是环境问题，也是发展问题，但归根结底是发展问题。为推动对该问题的研究，政府间气候变化专门委员会（IPCC）、世界气候计划（WCP）、国际地圈生物圈计划（IGBP）等国际合作项目与计划开展了一系列的研究工作。根据 IPCC 第四次评估报告，预期的增温将对全球自然生态系统和人类产生严重的负面影响。这引起了各国的普遍忧虑，人们担心世界气候朝着不利于经济发展和社会福利的方向变化。

"发展"一般有两种不同的含义。它可以仅仅指经济增长，由 GDP 来测量，在这种情况下它原则上适用于所有的国家。然而，它也可以更狭隘地指让人们摆脱贫困的这一经济过程，当我们将发展中国家与发达国家进行对比时就是在这种意义上说的。当然，第一种意义上的"发展"是从来没有停止过的。这两种意义下的"发展"都意味着财富的积累，标准的计算方法是比较 GDP，据此可以看出一个国家日益变得富裕。它暗指这种财富大部分是在相关社会的经济转化过程生成的。当一个社会只是从售卖其矿产资源获取收入时，我们可能不会说这个社会从经济上看是发展的。对于发展中国家与发达国家来说，发展都很重要，但是又不一样重要，因为发展对于前者来说更重要。发达国家可以继续壮大其经济，但增长的要求远没有那么迫切，因为他们已经达到了某种类型的均衡，尽管是一种动态的均衡（安东尼·吉登斯，2009）。

正如前文所述，对于发展中国来说，它们有一种发展的要务，或者说"发展是它们的第一要务"。在发展中国家达到一定程度的富裕之前，世界上仍然会有两条独立的"发展"轨迹。我们可以理直气壮地将过度发展作为富裕社会里的一种可能来谈论。

发展中国家的发展权务必要得到保障。在世界范围内减少二氧化碳排放，控制全球气候变暖不仅是环境与生态的问题，更是关乎各国未来经济社会生存与发展的重大问题。排放权与发展权的紧密关系促使每个国家都在尽可能争取更多的二氧化碳排放权，从而享有更大的发展空间。作为发展中国家之一的中国，应当在碳排放空间的设定、碳排放权的分配与交易等方面积极同发达国家进行博弈，维护发展中大国所应当享有的发展权，同时与其他国家一道发展低碳经济，为全人类的福祉做出自己应有的贡献。无论从历史责任原则看还是从当前应对气候的高效率来看，发达国家都有义务向发展中国家提供援助。诸多研究已表明，发展中国家参与减排是有效率的，且事实上，最经济的减排方式可能来自发展中国家。较贫穷国家经济发展落后，缺少限制温室气体排放的资金和技术。如果希望发展中国家采取措施减排，那么发达国家向发展中国家提供援助将是必要和公正的。之所以由发达国家承担这项义务，不仅仅是出于遵循"谁污染，谁付费"原则的需要，更主要是出于对发达国家自身利益的维护。但是，发展中国家的发展优先权目前没有得到充分的尊重，而发达国家对发展中国家也没有尽到提供支持和帮助的义务。在国际气候变化谈判中，关于减排，发达国家要求发展中国家与其承担相同的责任，共同分担份额参与减排。这明显是对历史责任的逃避，同时也是对世界千年发展目标的不尊重。在哥本哈根会议上,包括中国在内的发展中国家坚持以具有国际法约束力的《框架公约》《京都议定书》以及"巴厘岛路线图"为谈判的基础。近几年，发展中国家（特别是"金砖四国")经济发展迅速,温室气体排放量呈增长趋势,因此发达国家要求发展中大国也要参与到减排中,实现量化的减排目标,因而美国和欧盟坚持要求并轨谈判。发达国家试图通过这样的方式让更多发展中国家分担本属于发达国家的减排责任,同时发达国家也通过对减排长期目标的设定,以抑制发展中国家的经济快速发展,这就导致了世界各国在温室气体减排长期目标上的分歧。发展中国家坚持"双轨制谈判",要求发达国家必须明确长远目标及中期目标。"并轨谈判"是发达国家积极推行的气候谈判制度。发达国家主张在《京都议定书》的基础上建立一个包括其要素的绑定的法律协定,将《京都议定书》和《框架公约》并轨,建立单一的国际气候变化谈判制度。发达国家推行的并轨制,将《京都议定书》和《框架公约》两个相对独立的具有约束力的法律文件合并,并将发展中国家也纳入其中,可使发达国家摆脱《京都议定书》中规定发达国家单独承担的减排任务。

利益维护的合理性取决于需要的合理性,不仅对于个人来说是如此,对于国家来说也是如此。发达国家维护的是保证国家和人民的高标准生活,也就是当前可谓是高消费、高消耗的不可持续性的生活方式,而发展中国家的发展需要解决的甚至是温饱问题这样最基本的生存问题。这正是发达国家对发展中国家有援助义务的原因之一。全球变暖对发达国家和发展中国家的影响有着天壤之别。UNDP 的《2007/2008 年人类发展报告》的主题是"应对气候变化:分化世界中的人类团结",指出国际社会应重点关注气候变化给发展带来的影响。气候变化虽然对全人类都是威胁,但本不应为"生态债务"承担任何责任的贫困国家却为此付出了最直接、最高昂的代价[1]。而历史形成的碳密集型增长方式以及发达国家挥霍性的消费方式在生态学上是不可持续的。促进人类繁荣和

---

[1] 非洲是温室气体排放量最少的地区,却为气候变化付出高昂代价。气候变化和气温升高对生活在非洲贫困地区的人来说,意味着庄稼减产和饥荒,妇女和儿童每天要花很多的时间寻找水源。

保障气候安全并不矛盾,将温室气体排放减少到可持续发展的水平"为时未晚"(UNDP,2007)。该报告警告,如果不能迅速采取有效行动,发展中国家几十年来在减贫和人类发展上取得的进步将会被气候变化的不利影响抵消,甚至出现倒退。生活在赤道地区的人民几十年以来目睹了全球变暖对他们生活的改变,如今甚至威胁到他们的生命安全。然而发达国家却只是意识到全球变暖将影响到他们,却不会威胁到他们的生命,至少在近50年内不会发生。而且对于发达国家来说,它们只需拿出其收入的一小部分就可以适应气候变化,包括提高洪水防御能力、改变作物耕种方式、开发新的建筑技术和规章制度。低收入国家则必须拿出越来越多的国家收入来适应气候变化,许多个人和社区无力承担如此高昂的代价,最终被迫放弃庄稼和家园,死于饥饿。

控制世界各国温室气体排放是缓解气候危机的当务之急,但是温室气体的排放控制涉及发展中国家广大人民的基本生存权和发展权,如果对发展中国家施加温室气体排放的限制,无异于限制其最基本的生存权和发展权。各个国家的现实减排空间和能力是区别原则的现实基础。道德应当体现一种基于理性、理念的秩序,应当体现可能世界与现实世界的关系。自然万物中唯独人有"应该",因而唯独人有尊严。人是有人格的。因此,他能够做到普遍法则无条件地命令他应该做的。只要是道德法则要求人应该做的,人就一定能够去做,并且一定能够做好。这样一种信念,无论是对于我们每一个有限的生命还是对于我们整个人类,都是不可或缺的。当前各个国家的人均碳排放量是不均衡的,总的来讲,发达国家的排放量总体上大于贫穷国家和发展中国家。此外,发达国家的排放量在一定时期内依然会高于人口较多的发展中国家。气候变化对各个国家和地区造成的现实压力程度是有差异的。平心而论,一些平等的权利或者权益的概念及生存性排放的重要性都指向一个结论:一个有限的、宝贵的资源应该平均分配,除非我们有一些道义上的从平等出发的相关标准。我们也知道,地球上穷人和富人的能力是不同的。所有这些都帮我们得出一个结论:关于适应与缓解气候变化所形成的负担，发达国家应该承担更大比例的份额。发达国家与发展中国家的减排空间存在明显的差异性。发达国家在经济和技术上的优势是发展中国家无法比拟的，这就是发达国家在保护和改善气候变暖方面，应当率先承担更大、更多的责任的重要现实条件。目前，发展中国家多处于贫穷落后的状况，其合理需求应当首先得到满足。

鉴于经济和社会发展及消除贫困仍是发展中国家的主要任务，发达国家在应对气候变化问题时必须率先采取行动。富裕的国家应该从根本上减少排放量，并在经济上补偿其他地区，提供资源使那里的人适应全球变暖的环境，这样，气候变化上的全球不公平问题才会得以解决。发达国家首先应该兑现《框架公约》中规定的承诺。承诺主要有两点：其一是发达国家带头改变人为排放的长期趋势，10 年内使温室气体排放恢复到较早的水平。在 1997 年通过的《京都议定书》中又明确规定工业化国家从 2008 年至 2012 年，其全部温室气体的排放量与 1990 年相比至少削减了 5%。但《京都议定书》执行过程中先是在《马拉喀什协定》（2001）中对其减排指标七折八扣，随后美国又宣布拒绝批准《京都议定书》，俄罗斯态度暧昧，其生效的前景堪忧。其二是发达国家必须向发展中国家提供新的和额外的资金，增强发展中国家应对气候变化的能力，并应采取一切实际可行的步骤，向发展中国家转让环境无害技术和专有技术，支持开发增强发展中国家自生能力的技术。在此方面，公约缔结 10 年来，发达国家几乎没有采取任何实际行动向发展中国家进行技术转移以及增强发展中国家的自生能力。在发达国家连公约规定的条文都不能很好履行的情况下，挤压发展中国家承担限排温室气体的义务，显然谈不上公平。《框架公约》第 4 条第 7 款明确表述："发展中国家缔约方能在多大程度上有效履行其在本公约下的承诺将取决于发达国家缔约方对其在本公约下所承担的有关资金和技术转让的承诺的有效履行。"目前《框架公约》已有 175 个国家批准，其具有法律约束力的条文，应是讨论公平性的重要依据。

三、当代人类发展的权利与保障后代人类生存的义务不对称

为了保证社会的发展，首先要保证当前客观存在的当代人的发展。实现当代人发展权的同时，不能忽视后代人的生存和发展。

保证社会的发展，首先要保证当前客观存在的当代人的发展。同时，当代人有保障后代人生存的义务。迈克尔·贝尔斯认为环境、核战争、人口增长等问题都关系到未来若干代人，人们不能武断地剥夺未来的人作为受益者道德社会成员的资格，也不能天真地假定所有有关的道德当事人是共存的。他说："一个有能力解决应用伦理学问题的伦理学理论必然不会假定受益者道德共同体的成员都现实地存在着并且数目上不会发生变化"。"伦理原则必须把未来的道德当事人想做的（甚至遵循原则想做的）事情考虑进来才是恰当的"（约琴夫·P.德马科等，1997）。只要我们每一代人都秉承这样的道德信念，那么人在地球上就可以薪火相传、生生不息。法国的基斯教授（2000）说："如果后代的权利应得到行使，那么正是在气候这个领域，后代权利的行使才最为重要。"这一席话强调了恰当处理代际问题在气候变化问题中的重要性。

可是在关系的处理中，当代人在保证自身发展权的同时，却忽视了保障后代人生存的义务。虽然我们口口声声讲走"可持续发展"的模式，可是人们的生活方式却"不可持续"。让我们先来看看随着时间变化的二氧化碳排放模式，这基本上代表了一个国家的经济活动在气候方面造成的环境影响。人类发展指数极高的国家，其人均碳排放量要远高于人类发展指数低、中和高的国家的总和，这是由更多的能源密集型活动造成的，诸如驾车、使用空调与依靠化石燃料的电力等。如今，人类发展指数水平极高的国家的人均二氧化碳排放量比人类发展指数低、中和高的国家高出4倍多，其人均甲烷、氧化亚氮等其他温室气体的排放量则高出2倍左右。其中人类发展指数极高国家的二氧化碳排放量

比人类发展指数低的国家高出 30 倍左右[1]。例如，一个英国市民平均两个月的温室气体排放量相当于人类发展指数水平低的国家一个人一年的排放量，而人均排放量最高的国家卡塔尔则平均每个人在 10 天内就可以排放出同样多的温室气体（当然，这一数字包括了国内消费以及生产消耗的）。人类发展指数上升最快的国家，其人均二氧化碳排放量的增长速度也在加快。人类发展指数的不断上升是以全球变暖为代价的（虽然在有些国家，人类发展指数和环境可持续性都得到了提高，但这种情况当前是较为少见的）。气候变化带来的健康风险不仅种类繁多而且危害严重，我们的子孙后代无疑要遭受我们行为带来的惩罚，正如我们正在接受 20 世纪人类的疯狂行为导致的后果一样。未来各代与我们是平等的，他们作为尚未存在的道德主体，不能在谈判桌上阐述他们的权益，但是我们有义务去保证他们的权益，而首先要保证的就是他们的生存权。我们应该担负起"管理地球"的职责，在道义上给予未来各代同等的重视。以未来各代不比当代人重要，并且应该承担更多的减缓气候变化成本为由而拒绝马上采取减排行动，在道义上是站不住脚的。另外，人类社会各代彼此骨肉相连，作为一个大家庭中的成员，这种行为也与我们的道德责任相悖。所以说，在制定相关政策的过程中，要考虑到那些没有代言人的人（未来各代）和没有发言权的人（年轻一代），要在政策制定过程中充分考虑他们的利益。

在对待代际公正的问题上，唐代兴提出的普通平等的公正原则是有借鉴意义的。他认为普通平等的生境公正原则与传统的公正原则的根本区别集中体现在两个方面。第一，传统的公正原则是一种局部主义的公正原则，是建立在人类中心论存在模式基础上的，从根本上忽视了自然世界、生物圈的生命存在问题。支撑这种局部主义公正原则的深层思想，恰恰是一种不平等的人类自我优

---

[1] 人类发展指数极高的国家与人类发展指数低、中和高的国家人均温室气体排放比率在 1990 年为 3.7，2005 年为 3.3。不考虑该比率的稳定性，发展中国家的总温室气体排放量增长较快，部分原因是人口增长速度较快。

越论思想。这种思想把自然世界的万事万物、生物圈中的所有生命都看成是只有为人类所用的使用价值，而没有其自身独立的存在论价值；人类对于任何生命形态和任何物种来讲，都是高贵的存在者。这种对待生命万物的不平等思想恰恰滋生、孕育、膨胀出了人类霸权主义。近代科学革命以来所形成的傲慢物质霸权主义行动纲领和绝对经济技术理性行动原则，都是建立在这种人类对生命世界的霸权主义思想基础上的。普遍平等的生境公平原则是一种整体主义的实践公正原则，它强调人与地球上其他所有生命平等。第二，传统的公正只是单一的人类范围内的公正，它所信守的基本原则是人类的自我公正原则。建立在这种自我公正原则基础上的律法治理也只是局限于追求制度社会中人的权利保障以及政府的权力限制与监督。普遍平等的生境公正则是一种世界物种范围内的公正，它信守的基本原则是全生境的公正，即公正之于社会和人都面临两个层面上的要求：一是人类自身的层面上应该追求人的公正——人与人、人与群体、人与社会、人与人类、国家与人、政府与人的公正，这个层面上的公正即以人为本本体的公正；二是在物种生命层面上，应该追求生命的公正，即追求人与生命，生命与生命之间的公正，这个层面上的公正是以生命为本体的公正（唐代兴，2015）。

其实我们说人相对于自然世界的其他所有生命个体而言应该限制自己的权利要求，是从人与自然世界其他所有生命存在者之间的相互索取而论的，但由于人类物种具有目的性追求和自主设计能力，因而事实上成为向自然世界单向谋求生存资源的欲望者和行动者，因而人与自然世界其他所有生命存在者之间的关系，不仅仅是价值、利益、权利的互惠、互动的关系，而且还由人向自然世界、向其他所有生命存在者强加了一种剥夺与被剥夺、强占与被强占、掠夺与被掠夺的关系。这种关系虽然是由人类单方面造成的，却始终客观地存在着。在代内限度范围，生存公正原则所体现出来的基本精神是平等，即平等地看待一切生命、平等地看待一切人、平等地尊重和维护所有生命和一切人的存在权利和生存权利。代际公正指的是当代人与后代人之间要建立一种公正的责任关系：我们对未来后代的公正要求，集中表现为给后代人留下能够生存的资源，包括自然资源、物质资源、知识和智慧资源、文化与精神资源等。一旦在这个方面出现了问题，就应该努力去补偿。我们现在可以大胆地说出关于未来后代的公平性我们有何要求，就所关心的自然资源而言，我们现在可以大胆地说出关于未来后代的公平性我们有何要求，就所关心的自然资源而言：我们给未来后代人留下的资源不应比我们未损耗这些资源的情况下留下的资源更差。因为我们损耗了这些资源，所以他们应当在这个意义上受到补偿。代际限度生存伦理要求人们在进行律法治理建设时，必须充分认识到"那种只追求一个人、一代人的幸福的道德只能导致历史的倒退，只能让我们生活得像一根根的鸡毛或者一根根芦苇。因此，……我们所建立的是与过去那种只求一代人的幸福与欲望满足不同的道德体系和行为规范：这种道德体系必须是跨越时间的道德体系，它要求人在追求幸福时必须充分考虑到代间的平等。代间的平等要求我们——全球的人类共同体在行动时，必须把我们与尚未成为现实的'我们'的我们的后代，或者是还没有权力和我们竞争获得幸福的后代作为一个整体，要考虑到我们的欲望的满足有可能剥夺了对他们的关心，我们的满足有可能夺走了他们生存和发展的资源。正确对待我们对环境的权利与对于下一代应当承担的义务"（陈鸿清，2000）。"人类不仅对现在的人们，而且对未来的人们负有某种责任。我们如何通过节俭地使用现有的资源，节俭地进行生产和消费来安排我们子孙后代的生活，是当前道德争论的核心所在。"（诺兰等，1988）只有全面弘扬这一节俭的生活方式和生存精神，厉行节俭，才可能真正地开创出代内限度生存发展的普遍平等，全面实施代际储存（唐代兴，2015）。

人权平等的光辉神圣原则不但同活着的人有关，而且同世代相继的人有关。根据每个人生下来在权利方面就和他同时代人平等的原则，每一代人同它前代的人在权利上都是平等的（托马斯·潘恩，1981）。任何一部创世史，任何一种传统的记述，无论来自有文字记载的世界还是无文字记载的世界，不管它们对于某些特定事物的见解或信仰如何不同，它们在确认人类的一致性这一点上都是一致的，也就是说所有人都处于同一地位，因此，所有人生来就是平等的，并具有平等的天赋权利（托马斯·潘恩，1981）。

人权平等是人天赋的存在权利，"这是一切真理中最伟大的真理，而发扬这个真理是具有最高的利益的"（托马斯·潘恩，1981）。这一平等的人权有两个方面的内容，即人的自然存在权利和人的社会存在权利。潘恩认为，人的社会存在权利就是人民权利，"人民权利就是人作为社会一分子所具有的权利，每一种人民权利都以个人原有的天赋权利为基础，但要享受这种权利光靠个人的能力无论如何是不够的。所有这一类权利都是与安全和保护有关的权利"。而"自然权利是人作为人而应享有的权利（in right of his existence）"，"其中包括所有智能上的权利，或是思想上的权利，还包括所有那些不妨害别人的天赋权利而为个人自己谋求安乐的权利"（托马斯·潘恩，1981）。其实人民权利只是人的平等人权在政治生活中的展开形态。人的人权是指人在自然社会和国家共同体中的存在论资格权利，它的基本构成内容应该包括人的生命权、人的自主权、人的自由权、人的存在保障权和人的幸福权。

在伦理行动中，约束的松懈不仅带来了伦理能力的衰败和虚脱，而且带来了伦理敏感性的衰败和虚脱，带来了自由能力的丧失。这是因为自由不是一种物质的占有，而是一种道德能动性。也就是说，最高度的自由是与最高度的成就相一致的。任何缺少完善的善良意志、完善的神圣性的东西，都是某种不完全自由的东西。只有存在完善的善，才能存在完全的自由（弗留耶林，1926）。作为一个人，我们有权利按照我们自己的目的去生活。这目的未必是合理的或有益的，但毕竟是我们自己的目的。尤其重要的是，别人也应该承认我们有如此生活的权利。因为如果没有得到这样的认可的话，我们就可能无法承认自己的地位，就可能怀疑"我是一个绝对独立的人"这样的主张是否真实。因为，

"我是怎样的人"大部分取决于我们的感觉和我们的想法；而我们的感觉和想法如何，则取决于我们所从属的那个社会中一般人的感觉和想法（刘军宁等，1995）。人类在文明进步的过程中，虽然已经发展了多种技能，但是却没有学会保护土壤这个食物的主要源泉。令人费解的是，人类最光辉的成就却大多导致了奠定文明基础的自然资源的毁灭。大多数情况下，文明越是灿烂，它持续存在的时间就越短。文明之所以会在孕育了这些文明的故乡衰落，主要是因为人类糟蹋或者毁坏了帮助人类发展文明的环境。文明人跨越地球表面，他们的足迹所过之处留下一片荒漠（弗·卡特等，1987）。不能想象若没有对土地的热爱、尊敬和赞美，以及高度认识它的价值，能有一种对土地的道德关系（利奥波德，1992）。功利主义思想家穆勒在《论自由》中明确地指出，权力之所以成为权力并有理由存在，其根本目的和任务就是保障共同体人人拥有如下三个方面的自由。第一，意识的内向境地，要求着最广义的良心和自由，要求着思想和感想的自由，要求着在不论是实践的或思考的、是科学的、道德的或神学的等等一切题目上的意见和情操的绝对自由。说到发表和刊发意见的自由，因为它属于个人涉及他人的那部分行为，看来像是归在另一个原则之下，但是由于它和思想自由本身几乎同样重要，所依据的理由大部分相同，所以在实践上是和思想自由分不开的。第二，这个原则还要求着趣味和志趣的自由；要求有自由制订自己的生活计划以顺应自己的性格；要求有自由按自己所喜欢的去做，当然也不会回避随之而来的后果。这种自由意味着，只要我们的所作所为无害于我们的同胞，就不应遭到他们的妨碍，即使他们认为我们的行为是愚蠢、悖谬、错误的。第三，随着个人的这种自由而来的，在同样的限度之内，还有个人之间相互联合的自由。也就是说，人们有自由为着任何无害于他人的目的而彼此联合，参加联合的人是成年人，且不是出于被迫或受骗而彼此联合（约翰·穆勒，1982）。穆勒的自由观实质上属于一种生活的自由观，他关于生活自由的见解，为我们全面深入地考察人的自由提供了思维道路。自由是人的自我的存在本质和生存本质。对于任何人而言,没有自由,就根本谈不上有独立的、自主的自我和人格,也谈不上有属于自己的人权和生存权利的完整配享。人的自我存在和生存包括两个方面:一是个性之我;二是社会性之我。人的社会本质规定了人必须利他、奉献、无私,以至于在必要的时候要伴以自我牺牲,才能够获得真正意义上的自由。

第三节　权利与义务的平衡尝试：可持续发展

气候变化是人类对未来的不善管理导致的。人类在尽量满足自身发展权的同时,对资源的利用肆意妄为、无所忌惮,忽视了对自然界保护的义务,结果导致地球环境资源受到严重损坏。应对气候变化最直接有效的方式是大幅减排,但是并不是不排放二氧化碳。人类要生存、要生活就会有碳排放,尤其是发展中国家为了保证基本的人类生存问题,其发展优先权应该得到充分的尊重。发达国家对发展中国家应该尽到提供支持和帮助的义务,但是事实并非如此。目前,发展中国家的发展优先权没有得到充分的尊重,而当代人在保证发展权的同时,忽视了保障后代人生存的义务。换句话说,在传统的发展模式中没有做到同代人之间的公正,也没有做到对后代人负责。可持续发展是人类对工业文明进程进行反思的结果,是人类为了解决一系列环境、经济和社会问题做出的选择,是人类发展史上理论观念的又一次飞跃。任何一项科学的理论都是在实践的检验下产生、发展并走向成熟的,科学发展观也不例外。

一、重纵向轻横向:"可持续发展"解读

可持续发展是指在保护环境的条件下既满足当代人的需求,又不损害后代人的需求的发展。人类可持续发展是指在采取合理措施尽量避免严重影响后代自由权的前提下,努力扩大当代人的实质性自由。回到我们讨论的全球气候变

化问题，气候变化可归结于能源使用的大变革，煤炭、石油和天然气的使用改变了人类社会，极大地促进了财富和生产力的提高，同时也导致了气候变化。IPCC 第四次评估报告更加证实了这一结论。当前，气候变化导致的灾难不仅仅是人与自然的矛盾，更是人与人之间的矛盾。要拯救人类免于气候变化导致的灾难，不仅仅要协调人与自然的关系，还要协调人与人的关系。可持续发展不仅是人与自然的协调发展，而且是人与人的协调发展以及人与社会的协调发展。人与自然的和谐是可持续发展的前提。需要指出的是，全球变暖并非全球所有区域一致性地变暖。事实上，世界各地所受影响并不一样。应对气候变化，如果仅仅考虑局地利益，那么各地采取的措施也会不一样。人类活动发生在没有国界之分的生态系统中，对这些系统的不可持续管理不仅会对环境造成影响，也会对今天和未来人的健康生活造成影响。各地的气候变化相互影响，将共同促成进一步的全球变化。通过上述讨论，可以看到可持续发展与温室气体的减排也是息息相关的。要实现可持续发展，最起码我们要保证当前人类及其后代的发展。这需要尽快采取温室减排行动，否则危险性气候变化会导致不可想象的后果。两者之间相互渗透、相互作用、相互包容，一起推动社会、经济、环境和资源协调发展，为人类文明进程指引新的方向。可持续性发展作为指导理论来解决当前的气候变化问题有一定的积极作用。

许多对于可持续发展的定义都陈述了一种规则，即人类在未来的可能性不应该与今天的可能性有区别，但是却没有充分表达可持续的人类发展，尤其是具体对于今天的人类而言，可持续发展到底是什么。这些定义没有提及人类发展在选择权、自由以及能力方面固有的扩展，甚至没有明确提及可持续发展其实是基于代内公正然后扩及代际公正的一种发展。

发展是一个历史的过程，从过去到现在，由现在到未来。发展也是一个唯物的过程，没有脱离现实的发展。任何发展必须借助于客观现实才能体现。作为对传统发展观注重眼前利益、忽视资源环境的承受力、单纯地把自然界看作人类生存和发展的索取对象的矫正，可持续发展观做出了有力论证。很多对可持续发展观的解读中，对它坚持的原则进行了阐述，包括平等原则、可持续性原则、和谐性原则等。从理论上来说，这是一个相对科学的发展观，它矫正了传统发展观很多不理性的方面。

但是在可持续发展对国家的社会发展战略的指导上，我们发现它的侧重点和理论有出入。可持续发展更加重视的是人与自然的协调共生，人与人的平等性尤其是代际的平等性。其实这二者是相通的，只要我们与自然和谐相处，我们的后代可以毫无疑问地与我们同等地享有自然，这一点归根结底还是代际公正。而可持续发展的本意应该是代内公正和代际公正的有机统一。其中，代内公正应该是代际公正的基础、前提，如果无法实现代内公正，代际公正只能是空谈。可事实上为什么大家都大谈代际公正而不谈及现实生活中最应该关注、社会发展也最应该夯实的代内公正呢？莫非代内公正已经实现而无须再顾及了吗？我想应该不是的。之所以如此，大抵是因为这个问题很现实，也很残忍。

可持续发展应该是人类的可持续发展，这样，它的内涵就是人类的代内公正和代际公正。人类的代际公正大家已经论述了很多，这里不再赘述。笔者在这里重点想讲的是代内公正。代内公正是指当代人在利用自然资源谋求自身利益和发展的过程中，要把大自然看成全人类共有的家园，平等地享有地球资源，共同承担维护地球的责任。事实上，代内公正在我们当代只是一句口号。在现实社会中，代内不公正，这种不公正最主要就体现为国家地区间的不公正。毫无疑问，全球环境危机加剧的主要责任在于发达国家。谈到这个不公正，可能大家会觉得是老生常谈，甚至会问：这与可持续发展的倾向有什么关系？已经得到证明的是：发达国家是全球环境问题的始作俑者；从现实角度来看，发达国家仍然保持着自身在气候变化问题中的作用。如果用数字来说明问题，就正如上文中所援引的资料所述：人类发展指数水平极高的国家的人均二氧化碳排放量比人类发展指数低、中和高的国家高出 4 倍多，其人均甲烷、氧化亚氮等其他温室气体排放量则高出 2 倍左右，其中人类发展指数极高国家的二氧化碳排放量比人类发展指数低的国家高出 30 倍左右。

至此，我们可以得出结论：历史上的人类没有做到代内公正，现如今，我们依旧没有实现代内公正。没有实现代内公正，甚至没有意向要实现代内公正的我们有资格去讲可持续发展吗？可持续发展的基础是代内公正，只有实现代内公正才有可能实现代际公正。要求一群"代际不公""代内不公"的受害者去实现代际公正是不是滑稽可笑呢？

要实现气候的代际公正，首先要在承认历史的前提下实现气候的代内公正，至少是有实现气候的代内公正的意向和计划。这就要求世界各国在气候谈判大会上，厘清历史责任，现在就努力去实现可持续发展要求的眼前的公正。这就是说，历史责任和现实的责任可以分开来划分，先是为了实现代内公正来区分历史责任的份额。完成这项工作之后，我们再依照这样的方式为了实现人类社会的代际公正而区分世界各国的份额。当然，这样做的科学可行性是有待考证的，但是这样的论证过程至少给发达国家提了一个醒：历史是一个螺旋式发展的过程，它总是那么惊人的相似；民族主义之间的相互竞争已经对集体安全造成了威胁；不要让我们今天的代内不公成为明天我们子孙后代的代内不公，这种不公导致的情绪积累必将导致对人类集体的安全威胁成为现实。人类发展的核心目标是为全人类提供平等的机会和选择权。对于当今以及未来世界的弱势群体而言，我们不仅负有共同责任，而且还负有道德义务——确保现在不会成为将来的敌人！

不可否认，可持续性发展在被提出之时是兼顾代内公正和代际公正的，或许是对传统发展观的"矫枉过正"导致了该观点对代内公正的忽略，或许是这一概念的提法给了众人一些误解。总之，笔者认为可持续发展这一概念对人类社会发展横向公正理念的支持不足，需要理论和实践的共同加强。在当前应对气候变化的危急时刻，发展观是指导人们理念的一个航标，可持续发展应该在这一重大历史事件中得到进一步的提炼。

二、以公正为基础重构发展观

一直以来，人类社会都很关注平等与人类发展的关系，这集中体现在人类发展报告的内容中。人类发展报告从一开始就非常关注剥夺和不平等问题，例如，早期的人类发展报告采用人类发展指数中的收入维度来反映不平等。1997年和1998年的人类发展报告引入了人类贫困指数，而2005年的人类发展报告则探讨了人类发展中的不平等问题。许多国家的人类发展报告，包括1998年俄罗斯和2007年蒙古的人类发展报告都探讨了地方层面的贫困与不平等状况。《1990年人类发展报告》一开始便清晰地将人类发展定义为一个扩展人类选择权的过程，强调人类享有健康的自由、受教育的自由、能过上体面生活的自由。同时，该报告也阐明了人类发展和人类福祉远远超出了这些维度，还包括政治自由、人权等。人类发展这个充满热情的定义被政府、公民社会、研究人员和媒体广泛接受，在各个领域引起了深刻的共鸣。自此，人类发展始终持续、稳定地向前迈进，同时也与贫困、压迫、结构不公平相抗衡。在整个过程中，人类始终遵循多元化的准则，即平等、可持续性和对人权的尊重。

人类发展的固有特征是发展方式的动态性。《2010年人类发展报告》重申了人类发展与能力的内涵，认为人类发展是扩大人类自由的过程：人享有长寿、健康、过体面生活的自由；享有实现他们有理由珍视的目标的自由；享有在共享的地球上积极参与营造公平、可持续发展的自由。不论是个人还是群体，均既是人类发展的受益者，也是人类发展的驱动者。这次重申强调了人类发展的核心，即可持续性、公平、赋权以及内在的灵活性。因为受益可能是很脆弱的，而且容易被逆转，也因为要公正地对待子孙后代，所以，我们尤为需要确保人类发展的长久性，也就是保证其可持续。同时，人类发展也需要处理结构性的不平等，因此，它必须公正。人类发展能够在家庭、社区以及国家层面促使人民行使个人选择权、参与权，塑造自己并从中获益，进而被赋予权力。同时，人类发展强调深思熟虑、争鸣和开放式的讨论。人类发展这个概念富有活力且充满生机，无论个人还是群体都被欢迎参与到这个过程中来。人类发展结构适用于所有国家和地区（无论富裕还是贫穷），也适用于所有人。

自 UNDP 发布人类发展报告以来，毫无疑问，人类社会的发展进步是有目共睹的。但是，或许维持人类发展进步最大的挑战来自生产和消费模式的不可持续。人类要实现真正的可持续发展，必须中断经济增长与温室气体排放之间的密切关联。要充分理解人类发展进程，还需要更进一步的努力，就是要把人置于发展的中心位置。这意味着发展要体现公平性和广泛性，使人们积极参与到变化中，确保当前的成就不是以牺牲子孙后代的利益为代价。而这个观念要落到实处，首先要实现同代之间的公正。

人类发展不能建立在一些群体对其他群体剥削的基础之上，也不能建立在某些群体能够获得更多的资源和权力的基础之上。这也就是说，不公正的发展观不是人类发展观。公正和人类发展指数之间存在着系统性的关联：人类发展指数较高的国家往往也更加平等（UNDP，2010）。但是这个说法的前提本身就存在公正问题，人类发展指数存在着那么大的差异，这是公正的吗？显然，公正问题已经远远超越了某个地区、国家的范围，也不是某个时间横截面的问题，而是一个横跨全球、贯穿历史的全局性问题。

人类发展的核心目标是为全人类所有人提供平等的机会和选择权。人类发展就是人类在生活中必须珍视那些有理由珍视的自由和能力的扩张。但是，使我们生活有意义的自由和能力的扩张超出了我们对基本需要的满意度。我们能够尊重其他物种并且不以它们对提高我们生活标准的作用为依据，就像我们尊重自然美而不以自然美怎样提高我们生活的物质标准一样。可持续性发展作为当前提倡的人类发展的方法，要求人类有权利不让自己受出生时的随意性影响。我们这一代人要想增强生产物品和提供服务的能力，不能以后代人呼吸被污染的空气为代价。因为这限制了后代人选择呼吸新鲜空气以及获得更多物品和服务的权利。可持续发展关注的中心是如何保护最弱势群体。最弱势群体不仅指那些通常讲到的贫困群体，也指那些在面对我们人类活动产生的危险时忍受痛苦的群体。因此，我们不仅要关注时常发生的情况或者更容易发生的情况，而且要考虑很少发生的但仍有可能发生的情况，尤其是那些会导致灾难性风险的情况。

人类发展是关于人如何增强自身的能力、扩大自身的实际选择和实质自由的发展。有了选择和自由，人们才能过上自己所珍视的生活。可持续发展主要强调的是代际公正。事实上，在人类社会的发展过程中，我们不可忽视的是代内公正，如果代内公正实现不了，脱离了代内公正去谈代际公正只能是空谈。所以，人类社会的发展不光要纵向公正，也就是可持续发展，也要横向公正，也就是各国各地区拥有平等的发展权；后者甚至更为重要，也更难以实践。如果我们只是纠缠于代际公正而不同时考虑代内公正，就会严重违反普遍性原则。事实上，大多数关于可持续性的理论把平等和穷人的困境孤立看待，我们认为这样的想法在理论上很不完整，在实践中往往适得其反。只考虑恢复可持续性的政策而不考虑国家之间和国家内部的不平等，相当于制定政策来解决群组之间（如农村和城市之间）的不平等而忽视与其他群组之间（如穷人和富人）平等的相互关系（UNDP，2011）。笔者认为气候公正是在应对气候变化问题中区域利益和全球利益、共同责任和有区别的责任、权利和义务在公正意义上达到的平衡状态，进一步讲，就是在人类社会的发展过程中要做到平等和可持续发展二者兼顾。我们这里讨论的平等和可持续发展兼顾就是讨论可持续发展与平等之间的交集，也就是基于平等的可持续发展。换句话说，气候公正是前面我们谈到的在应对气候变化问题中区域利益和全球利益、共同责任和有区别的责任、权利和义务在公正意义上达到的平衡状态。

平等是全方位的公正，既包含纵向的公正，也包含横向的公正，但着重点应该是横向的公正，或者说是对于并行存在的客观对象之间的公正。可持续发展强调的是纵向的公正。气候代内公正是气候代际公正的前提，如果气候代内公正都实现不了，受到不公平待遇的一方就不可能会考虑后代人的利益。代内公正问题宏观上主要体现在发达国家和发展中国家在温室气体排放上存在很大的矛盾。发达国家经过早期的发展，在政治、经济、文化和科技等领域率先取得了发展，相应的代价是累积排放了大量的温室气体。发达国家也是在近20年才开始注意到环境保护的重要性，进而推动气候变化谈判的。相比之下，因为没有早期的快速发展，发展中国家在社会、经济等方面比较落后。当前的发展中国家面临着经济快速发展、化石能源大量消费和气候变化谈判的矛盾。如果让发展中国家和发达国家承担同样的温室气体减排任务，对发展中国家是不公正的。这样处理问题的方式也过于简单化了。站在现实的角度，如果说既要满足发达国家环境保护的诉求，同时考虑发展中国家高速发展的要求，又要保证全球气候不持续恶化，就需要一个全新的框架结构。形成这个框架结构需要长期而艰苦的气候谈判，更需要世界各国对全球气候危机有一种义无反顾的责任感，以及承担这项责任的决心和恒心。

本篇小结

2003 年第 21 届世界哲学大会提出构建"面向世界问题的哲学"，其根本目标就是教化人性，帮助人类更好地解决全球性世界问题，促进文明进步。德国著名哲学家哈贝马斯在该大会上着重讨论了当代人面临的人与人以及人与自然之间的生态关系，希望在全球经济文化大变革中，环境伦理能够趋于和谐统一。

在复杂多变的世界多元文化关联格局中，全球化环境伦理与环境污染和生态破坏的全球蔓延息息相关，"生态平衡的破坏、人类平衡的破坏、国际平衡的破坏，是当代国际社会共同存在的危机"（冯天瑜，1998）。人类文明健康持续发展面临严峻挑战，温室效应导致全球性气候变化，二氧化硫的过多排放导致全球酸雨肆虐，污染物的排放和转移造成全球大气与海洋河流污染，核武器威胁和物质泄漏造成大范围放射性污染，物种灭绝、森林锐减、草原退化、土地沙漠化和土壤盐碱化也呈现全球蔓延趋势。杨文采（2011）院士认为：影响21 世纪人类社会可持续发展的三个最主要的全球化问题是全球变暖所导致的温室效应，石油消耗殆尽导致的能源危机，以及生物种类和数量大幅度减少导致的生物链断裂。韦政通（2010）在《伦理思想的突破》中提醒民众：当前社会正面临能源危机、生态环境危机和官僚机构导致的自我意识丧失危机；环境压力越来越大，物欲刺激的负面影响日趋严重，伦理道德在自私自利中被腐化消耗掉，"就人伦的意义而言，这是工业社会最深刻的危机"。

西方发达国家的环境伦理思想探索与实践，虽然开创了环境伦理意识觉醒的先河，但是在全球化的政治经济一体化进程中并不具备普适性和绝对代表性，全球性环境保护行动迫在眉睫。全球化治理的主体应当是以众多主权国家为主导，在联合国合作框架下，积极吸引"各类国际组织、国际团体和社会群体参与的国际行动综合体"（李景治，2010）。环境危害具备"跨国界"和"无边界"特征。环境保护关乎全人类的生存权利和切身利益，必须依靠全球各类治理主体的共同参与、齐心努力和全程治理。1991年，时任77国集团主席的爱德华·库福尔坦言"我们同在一艘行星之船上"，倘若船沉没，头等舱和经济舱的全体乘客都将难逃被淹死的厄运。"责任共同担当、危机共同解决"的全球团结合作意识是应对全球性环境挑战的唯一出路，"共同但有区别的责任"是妥善解决全球环境问题的根本原则。

时至今日，应对全球化环境危机的最大争论焦点仍是责任分配和权利担当，区别化责任和共同承担意识仍在激烈交锋，"分歧突出地体现为世界发达国家和发展中国家之间的观点分歧"（洪大用等，2011）。发达国家已经完成了工业化进程，进入了信息化和后工业化时代。广大发展中国家正处在工业化初始阶段，科技落后、资金匮乏、基础设施不完善、人员素质不高、管理效率低下等贫困落后的状况一直未得到有效改观，甚至连基本生存需求也得不到保障，客观上存在诸多发展劣势，迫切需要发达国家给予援助并承担"共同但有区别的责任"。"全球秩序还必须有另一种道德原则的补充，这便是关爱地球生态系统、节制物质贪欲的原则。"（卢风，2010）为了消除国家利益分歧主导的消极对抗和激烈冲突，必须超越狭隘的地区保护主义，坚持在平等对话原则基础上达成一致的道德共识，在全社会牢固树立兼容济世意识。联合国教科文组织提倡不同国家和地区努力消除冲突、寻求默契，提出文明对话是人类可持续发展和平等发展的必然步骤。这种包容心态是持久和平和历史传承的基础，有利于各国顾全大局，从自身实际情况、利益诉求和全球共同预期出发，通过文化交融达成共同行动的制度基础和合作框架。

下篇

气候公正：
气候变化问题的最终诉求

　　全球化是人类历史进程不可逆转的发展趋势。美国环境社会学家卡顿和邓拉普在《环境社会学：一个新范式》一文中提出了两种人与环境关系的基本范式："人类例外范式"和"新环境范式"。"人类例外范式"是传统社会对环境危机的回应模式，认为人类可以像解决其他社会问题一样，随着文化积累和科技进步，最终妥善解决环境问题。"新环境范式"强调环境因素对人类社会发展和全球生态系统具有普遍性的制约影响，"如果人类不重新认识自己，调整自己以因应自然，前景将会非常危险"（洪大用等，2011）。戴维·赫尔德提出应对全球化挑战必须解决好三大核心问题：一是全球共同关心的生态与环境问题；二是人类可持续发展问题；三是全球竞赛规则问题。当今全球环境问题更加严峻，环境危机进一步加剧，人与自然、人与社会、人与人之间的不和谐关系仍存在，人类正共同面临人与自然、社会、人际、心灵、文明间的五大冲突，并由此造成生态、人文、道德、信仰、价值等五大危机（张立文，2012）。这些冲突危机具有全球性和普遍性，只有通过和生、和处、和立、和达、和爱的综合策略，才能融合分歧、消除冲突，从容应对。

《里约环境与发展宣言》倡议发展新思想新方法，建立新的道德价值标准，争取在解决全球环境问题上取得进步。2000年联合国环境规划署在全球环境报告中指出，控制环境污染和生态破坏虽然取得一定进展，但是全球性环境恶化总趋势并没有得到根本扭转，全球生态系统仍在继续恶化，经济社会发展面临更严重的挑战。"在人与自然的关系上，'我们必须学会和地球在一起生活'；在人与人的关系上，'我们必须学会在地球上共同生活'。"（张宇等，2000）只有充分依靠人类自己，才能解决好与人类生存密切相关的生态危机和资源困境。

在上篇研究的基础上，下篇总结应对气候变化问题国际社会应该坚持的根本目标和伦理原则，提出应对气候变化的伦理诉求——实现气候公正，这是体现气候变化伦理的重要部分。2017年1月18日，习近平主席在联合国日内瓦总部发出时代强音，提出"构建人类命运共同体"理念。UNDP在发布的《2016年人类发展报告：人类发展为人人》中提出普惠性人类发展需要在地球、人类与和平之间实现完美的平衡。"人类命运共同体思想"和普惠性人类发展理念的提出都是为了更好地解决全球问题，二者契合全球气候公正的伦理诉求。全球气候公正是人类命运共同体思想实践的重要领域，而普惠性人类发展为气候公正的实现也提供了新的视角。归根结底，气候公正就是基于平等的可持续发展。在人类发展的进程中，必须做到平等与可持续发展二者兼顾，在应对气候变化问题时做到代内公正和代际公正的有机统一，在人际公正和社会公正的层面上应当遵循自由平等原则和机会均等原则。应对气候变化应该把适应气候变化的优先地位确定下来，要求共同提高各个层次人民适应气候变化的能力。气候公正是应对气候变化问题的伦理诉求，不能仅仅停留在理论和概念层面，而应该有具体内涵和翔实的内容作为支撑。其可行性的论证也是研究气候变化伦理，使其与现实语境相结合的重要内容。实践气候公正，也就是实践基于平等的可持续发展观的现实条件与基本途径，这是实践气候变化伦理思想的现实基础与具体方式。作为负责任的发展中国家，我国一直以来都非常重视生态文明建设，构建气候变化伦理体系也势在必行。

第五章　人类命运共同体思想与气候公正

经过几十年的研究，国际学术界的主流科学家取得了一致的意见：全球变暖问题大致是由于人类活动而直接或者间接地造成的；控制温室气体排放是一个严肃而又紧迫的命题。相应地，全球气候合作不断发展、持续深入。从京都会议到巴厘岛会议，从哥本哈根会议到华沙会议，不同国家、地区和国家集团之间利益的冲突和观念的分歧日益凸显（徐保风，2018），世界各国围绕温室气体减排的权责分配和执行时间等方面的重重矛盾与斗争日益公开化。气候变化问题已经不仅仅是一个生态问题，而已经逐渐渗透到经济、政治等和人类命运相关的各个领域，成为一个真正意义上的全球问题。解决全球问题，需要全球性的共同价值观念来指导。人类命运共同体思想契合全球气候公正的伦理诉求，构建全球气候公正是人类命运共同体价值观念深入人心的重要形式。人类命运共同体理念是构建全球气候公正的重要保障。

第一节　人类命运共同体思想契合全球气候公正的伦理诉求

习近平主席 2017 年 1 月 18 日在联合国日内瓦总部的演讲稿以"共同构建人类命运共同体"为题，得到了国际社会的积极回应。党的十九大报告高度关切人类发展问题，"人类""世界""全球""国际"等词汇被密集使用多达 106 次，并明确提出了"推动构建人类命运共同体"的伟大使命，对人类命运共同体思想进行了系统的阐释。"人类命运共同体"的提出，集中反映了以习近平同志为核心的党中央对中国和世界前途命运的战略塑造，具有重要的理论和现实意义。

构建人类命运共同体的理念是在扬弃西方近代文明、继承包容性发展理念的基础上深化丰富而得来的。西方发达国家所强调的二元论认识和思维方式看问题过于简单化，把世界文化也一分为二，非黑即白，在民族优越性的基础上认为自己就是"上帝的使者"，是光亮文明的唯一掌握者，而其他文明则被鄙夷为"黑暗的远方"。历史一再证实，这种二元论思想指导下的世界秩序是制造冲突和战争的根源之一。人类命运共同体思想突破了零和博弈思维，在利益面前考量的不仅是自己一方。毫无疑问，这是对西方现代化二元论道路深刻认识基础上的扬弃，是重构实现持久和平的国际新秩序应该遵循的原则。同时，人类命运共同体思想也是马克思主义中国化理论的继承和发展。相比包容性发展理念，它具有更高的价值定位和更大的逻辑框架，蕴含丰富的伦理价值。

人类命运共同体思想本质上是人类社会发展观，其价值定位之所以更高，是因为其着意追求本国利益时要兼顾他国的合理关切，在谋求本国发展中要促进各国的共同发展。之所以如此，是因为该理论的立足点强调了人类只有一个地球，各国共处一个世界；为了全人类的发展，倡导大家树立"人类命运共同体"的意识。人类命运共同体这一全球价值观包含共同利益观、可持续发展观和全球治理观等内容。人类命运共同体思想提倡的人类共同利益观提醒处于不同发展阶段的国家：面对宇宙中这个唯一的地球①——人类的共有家园，珍爱和呵护是唯一的选择。人类命运共同体思想的可持续发展观坚持公平性原则、持续性原则和共同性原则。人类命运共同体思想提倡的全球治理观坚持每种文明都有其独特魅力和深厚底蕴，让文明交流互鉴成为推动人类社会进步的动力。这些理念与气候公正追寻的伦理价值深度契合。气候公正是基于平等的可持续发

---

① 霍金先生曾提出关于"平行宇宙"的猜想，希望可以在地球之外找到第二个人类能得以安身立命的星球。但是关于这个猜想的实现，目前还是个未知数。

展。在人际公正和社会公正的层面，人的行动应当遵循自由平等原则和机会均等原则，这使人类社会发展过程中可做到平等和可持续性发展二者兼顾（徐保风，2014）。随着全球性的发展失衡、环境治理困境和文明冲突逐步发展成为各国面临的共同挑战（徐建军等，2018），人类命运共同体思想成为解决气候危机的一个突破口。

第二节　全球气候公正是人类命运共同体思想实践的重要领域

人类命运共同体思想体现了人类社会发展的价值指向，契合人类社会解放的价值归宿。自由解放是人类社会发展的根本主题。人类命运共同体思想具有深刻明确的价值范畴导向，体现了实现人类自由解放的价值维度导向。实现人类的自由解放只能靠社会的发展，但是这个发展是有条件的，它需要人类能动性地参与，而不是对其发展听之任之，也不是忽略世界多边的事实而简单粗暴地发展。气候公正就是全球可持续发展。可持续发展是一个社会正义问题。它与当代人和子孙后代的自由即代际公正有关。因此，人类发展框架将可持续发展视为一个涉及代内和代际分配公正的问题。可持续发展是一个社会正义问题。发展的实践者原则上同意，要想实现人类发展惠及人人的目标，需要获得按区域、性别、城乡、社会经济状况、种族和民族等特征分列的数据，但他们却不太清楚如何确保此类数据的可用性。如果不了解社会的排斥和边缘化形成过程，可能难以确定要揭示特定维度的不平等状况需要使用哪些分类数据。政治、社会和文化敏感性也可能助长排斥和剥夺现象。按性别分类的数据对促进性别平等和女性赋权至关重要。这也正是"2030年议程"可持续发展目标侧重于改善按性别分类的数据的原因所在。虽然能动性自由是人类发展不可或缺的组成部分，但长期以来，人类发展框架的关注重点却是福祉，而非能动性。不过，能动性在本质上确实比福祉更难衡量。福祉自由和能动性自由通常为正相关关系。这也为以下观点提供了支持：人类发展的两个方面彼此互补，但并非完全相关。换言之，社会可以在未达到高水平能动性（体现为话语权和自主权）的情况下，达到高水平的平均能力或福祉。人类福祉的一些其他衡量指标，例如，社会进步指数、全球幸福指数和美好生活指数，也可帮助人类评估人类发展是否惠及每一个人。一些国家还使用主观指标来衡量福祉或幸福的方式是不妥当的，更是不公正、不道德的。实现"人类发展为人人"的目标还需要收集和展示来自创新视角的数据，如实时数据和数据仪表盘。数据仪表盘使用颜色编码表格，能够展示各项人类发展指标的水平和进展。因此，这是一种评估人类福祉的有效手段。它还需要采用一种包容性进程，以让更多人参与其中，并使用各类新技术生成和传播信息，并最终由全人类共同享有。

气候问题是全球问题，构建气候公正需要人类命运共同体思想理论作为指导。众所周知，气候问题归根结底还是人类发展的问题。人类发展事关扩大人类的选择权，而这将决定人类的身份、地位及行动。以下因素构成了这些选择的基础：我们必须从中进行选择的广泛选项（我们的可行性）；决定我们的价值观和选择的社会、认知制约因素以及社会规范和影响；我们的权能和我们在以个人和群体成员身份做出选择时发挥的能动性；以一种公正且有助于释放个人潜能的方式解决竞争性权利主张的机制。人类发展框架提供了关于上述观点的系统性阐释，并能清楚说明导致生活在不同背景下的个人和群体的处于劣势的各类因素之间的相互作用。归根结底，全球气候问题是全球问题，必须借助全球的"共同价值"来沟通、解决。习近平指出："世界命运应该由各国共同掌握，国际规则应该由各国共同书写，全球事务应该由各国共同治理，发展成果应该由各国共同分享。"① 人类命运共同体思想为全球气候公正提供了指导。人类发

---

① 参见 2017 年 1 月 18 日习近平在联合国日内瓦总部的演讲《共同构建人类命运共同体》。

展的含义远远超越了经济或收入的增长，还包括通过社会政策体系的完善，有效保护社会成员的健康、教育等社会权利，以及族群、性别之间的平等，公共事务的广泛参与等。历史显示，人类发展经历了多个阶段，发展的包容性越来越受到重视。提升包容性的基本手段，既包括不断推进经济与财富的增长，也包括其他相关制度与政策的不断创新和完善。如何实现包容性发展？如何面对公地问题？人类处在一个和平、发展、合作、共赢的时代潮流，各国相互联系、相互依存，全球命运与共、休戚相关，和平力量的上升远远超过战争因素的增长。面对宇宙中这个唯一的地球——人类的共有家园，珍爱和呵护是人类唯一的选择。我们要为当代着想，要对子孙后代负责。面对气候危机，人类社会要坚持合作共赢，各国要同舟共济而不是以邻为壑，要兼顾当前和长远着力解决深层次问题，而不是只顾眼前利益（阮晓菁，2017）。解决气候危机要本着普惠、平衡、共赢、包容的价值观，既要做好节能减排这块"蛋糕"，又要分好蛋糕，着力公平公正地解决问题。总之，应对气候变化是全球治理的一个重要领域，更是实践人类命运共同体思想的一个重要领域，在这个领域的全球努力必将给我们思考和探索未来全球治理模式带来宝贵的经验和启示[1]。

第三节　人类命运共同体思想是促进全球气候公正构建的重要保障

人类命运共同体思想是在包容性的人类发展基础上进一步发展完善起来的一项基本价值准则，它提倡全球文化的交往要建立在包容借鉴多样性的基础上。人类命运共同体思想主要包括全人类共同利益的观点、全球治理观和可持

---

[1] 参见习近平在气候变化巴黎大会开幕式上的讲话《携手构建合作共赢、公平合理的气候变化治理机制》。

续发展观。作为一项基本价值准则，它不仅有利于重建新型国际关系，也是促进全球气候公正构建的重要保障。

人类命运共同体思想提倡的人类共同利益观提醒处于不同发展阶段的国家：面对宇宙中这个唯一的地球——人类的共有家园，珍爱和呵护是唯一的选择。气候问题作为一个全球问题，应该得到全球人类的共同重视，如若不然，后果不堪设想。沿海岛国应该是最先遭受气候灾害的国家和地区，而又恰恰是不发达地区，发达国家往往因为地理原因暂时还没有直接遭受气候变化带来的灾难，更不用说灭顶之灾，于是，各种怀疑揣测的理论层出不穷。这些理论无非就是推脱责任、为国家的相关政策寻求借口。如美国、日本等国对待气候问题的态度一度就是如此。每一个"地球村"的居民都应该树立责任意识，共享地球资源，同担气候责任。如果地球村里的各个村民都想着多占便宜少吃亏，少付出多占有，必然产生"公地悲剧"。如果说"公地悲剧"中最终产生悲剧的只是那一块公地、那一片草原，那么气候问题的悲剧则是人类文明的毁灭。人类命运共同体思想倡议的构建人与自然、人与人和谐相处（罗会钧等，2018）的观念保障了气候公正提倡的尊重自然发展规律，与遵循代内公正和代际公正的有机统一。

人类命运共同体思想提倡的全球治理观坚持每种文明都有其独特魅力和深厚底蕴，让文明交流互鉴成为推动人类社会进步的动力。应对气候变化，各个国家地区都不能关起门来搞，而是要聚四海之气、借八方之力，在实现自身发展的同时惠及更多国家和人民，推动全球范围内的平衡发展[①]。要想充分利用公民社会的潜能，必须通过调整机制扩大公民社会在多边机构中的参与，通过切实有效的透明机制促进信息和知识流动，提高多边机构的透明度并加强问责。

---

① 参见2017年1月18日习近平在联合国日内瓦总部的演讲《共同构建人类命运共同体》。

这就要求在气候变化问题的应对中，要听取不同方向的声音，设身处地地站在各个角度思考问题，有效交流沟通，做出必要的妥协让步。应对气候问题要从人类共同体这个大局出发，从人类社会长远发展考虑，发达国家、发展中国家和欠发达国家都应发挥自己的优势，为人类面临的环境挑战做出自己应有的贡献。"共同但有区别的责任"考虑到了发达国家和发展中国家的现实减排空间和能力，是减排行动付诸实践的现实基础（徐保风，2012），也是应对气候变化问题的基本原则。

众所周知，公正并不是简单的平均主义，它需要考虑历史的、现实的种种情况。考虑到发达国家在国际环境问题的产生中扮演了主要角色，气候公正要求发达国家先采取行动以减少其国内的资源消耗和污染排放，并为发展中国家提供资金、技术帮助，而各发展中国家在积极参与全球环境行动的同时，则不必承担具体的公约减排义务（徐保风，2012）。"人类命运共同体"的可持续发展坚持可持续性原则就是要调整生产生活方式，实现地球发展的可持续。发达国家不能以"会牺牲人们的高品质生活"为由拒绝减排，更不能因为本国和本地区未受到气候问题的直接迫害而拒绝参加气候应对行动。各国特别是主要经济体要加强宏观政策协调，兼顾当前和长远利益，转变经济发展方式，进一步发展社会生产力、释放社会创造力。人类命运共同体思想的可持续发展坚持共同性原则就是要坚持发展是全球的共同发展，即"共赢"。发展是第一要务，适用于各国。在促进共同发展的决心上，中国从不曾改变。中国的发展得益于国际社会，中国也为全球发展做出了贡献。期待发达国家也能反思各自的发展之路，效仿中国的"思源"精神，在气候公正的构建之路上发挥自己应有的作用。

第六章　普惠性人类发展与气候公正

从人类发展的角度来看，为人类社会出现的危机提供援助是一项道德义务。气候变化带来的危机使人类发展面临重大的挑战。但全球公众意识不断提高，民主呼声席卷全球，这一切都预示着这样一个美好前景：当今世界比以往任何时候都更有利于气候变化问题的解决。气候公正是解决气候变化问题的最终诉求，普惠性人类发展为气候公正的实践提供了指导。

第一节　气候公正与人类发展

人类发展是关于人的发展，事关人如何增强人的能力以及扩大人的实际选择和实质自由。有了选择和自由，人们才能过上他们所珍视的生活。贫困潦倒、疾病缠身或者目不识丁的人们，无论从哪种意义上来说，都无法过上其所希望的生活。21世纪，气候变化将是影响人类发展前景的决定性因素之一。全球变暖将影响生态、降雨、温度和天气系统，最终将影响所有国家，任何人都无法幸免于难。但是有些国家和人民更容易受到冲击（徐保风，2014）。自1990年人类发展报告首次出版起，人类发展取得了一些可喜的进步。当然，这些进步是不平衡的。气候变化将使人类的发展普遍不足，贫富差距显著的世界会雪上加霜。气候变化所带来的风险正在递增，各国应对这种风险的弹性和能力各不相同，适应能力也存在差异。应对风险能力的差异将进一步加大机遇方面的差异。随着气候变化所带来的风险日益增多，它们将同现有的劣势格局相互作用，这会导致千年发展目标①的不完全实现，并使人类可持续发展的前景直接受到威胁。如果世界如同一个国家，这个国家的公民都关注后代的福利安康，那么缓和气候变化就是紧急行动的重中之重。缓和气候是为灾难风险买下的一张保单，是确保代际公正所必尽的责任。在这样一个世界中，不确定性不是不行动的理由，而是坚决采取行动减少风险的依据。然而当今世界，国家众多，发展水平各异，因此我们更有理由采取紧急行动。要考虑到全球最贫困和最弱势人群的社会正义、人权和伦理关怀。数百万最贫困和最弱势的民众正面临着气候变化产生的早期影响。这些影响已经减缓了人类发展的进程，所有可能的设想都如此显示，甚至更糟。由于在几十年内，减排对气候变化的影响有限，因此，为适应气候变化而进行投资其实是在为世界贫困人口买下了一张保单。

气候变化将为人类的发展带来大规模的增量风险。气候变化是全球性的，但影响将是局部的。实际影响将取决于地理因素以及全球变暖和现有气候格局之间微妙的相互作用。这些影响的范围很广，不同地区面临的问题自然不同。气候格局和现存社会经济脆弱性之间相互作用的结果不同，人类发展所受的影响也不相同。其中农业生产力下降、用水加剧、沿海洪灾和极端天气日益频繁、生态系统瓦解以及健康风险加大等导致的恶劣结果尤其能加剧人类发展的风险，导致人类发展倒退。对于这五个因素我们不能孤立看待，它们各自发展又相互作用，再加上现存的人类发展问题，导致人类发展呈螺旋式下降。虽然这一进程在很多国家已经显而易见，但是一旦跨越2℃的临界值就会发生质的变化，生态、社会和经济将遭受更大的破坏。从人类发展角度来说，这些结果将会使不利条件随着时间的推移逐渐累积，人类将不知不觉地为气候变化付出

---

① 在2000年9月于美国召开的联合国千年首脑会议上，189个国家签署了《联合国千年宣言》，声明全世界将共同努力使全球贫困水平在2015年之前降低一半（以1990年的水平为标准）。

代价。更重要的是，即使更频繁的灾害只造成小小的风险增加，人类发展也会出现倒退。总之，气候变化将为人类的发展带来大规模的增量风险。

缓和气候变化和减少化石燃料的过度使用可能是人类 21 世纪最大的挑战，但同样迫切且更加直接的挑战是要为世界贫困人民提供他们能够负担的更多能源服务。如果没有电，人类发展将会受到多方面的影响。能源服务对人类的发展至关重要，它不仅仅可以促进经济增长、增加就业机会，还可以提高人的生活质量。在考虑发展中国家二氧化碳排放上升的情况下，还应考虑到全球在基本能源服务使用方面的巨大差异。印度的二氧化碳排放量对气候安全的影响已引起全球关注。但这种视角是不全面的：在印度，大约 5 亿人还用不上电，比扩张后的欧盟总人口还多。有些家庭甚至连灯泡都没有，做饭还是靠烧柴和动物粪便（UNDP，2008）。尽管发展中国家能享受到能源服务的人数正在增加，但进展缓慢，速度各异，妨碍了减贫的进展。改变这一局面对人类发展至关重要。我们面临的挑战是使更多的人享受基本的能源服务，同时限制发展中国家的人均碳足迹增大。

并不是所有气候变化带来的人类发展成本都可以通过量化结果进行衡量。从根本上来说，人类发展也是指人们能在影响其生活的方面拥有决策权。诺贝尔奖得主阿玛蒂亚·森（Amartya Sen，2012）指出，人类是社会变革的主体，强调"在给定个人和社会情况下，允许行动和决策自由的进程，以及人们实际拥有的机会"。气候变化严重剥夺了人的行动自由，削弱了人的力量。一部分人类将不得不面对他们无力抗拒的气候变化，这种气候变化的力量将取决于各国的政治选择，而这些无力抗拒者对此却没有发言权（UNDP，2008）。所以，无论是出于对现实的考虑还是为了公平起见，都应该采取能够反映过去责任和当前能力的措施。缓和气候变化是一项全球性挑战，但减排应首先从那些承担了绝大部分历史责任的国家和碳足迹最深的地区开始。

谈气候公正与人类发展的关系，就避不开科技伦理这个话题。

　　众所周知，人类是生活在一定的环境系统中的。努力造就有益于人类健康生活的良好环境，是一个关乎全人类及其子孙后代利益的大事，也是一个严肃的伦理道德问题。因此，人们有必要从人类生存和发展的高度，对某项科学技术的发展特别是对某项科学技术成果在社会上的应用，做出伦理道德层面的评价，进而迫使科学家和广大科技工作者对自己的科技行为做出正确的抉择。只有这样，才能在科学技术的发展和应用过程中，制定出保护生态环境、走出生态危机、控制环境恶化的原则和措施。于是，保护生态环境问题就成为世人关注的重大课题。人们纷纷开展调查研究以解决生态环境问题，为保护生态环境大声疾呼。1962 年，卡尔逊出版了《寂静的春天》一书，引起全世界范围内对生态环境问题的大讨论。受此影响，1972 年 6 月，联合国在瑞典斯德哥尔摩召开了人类环境会议，会议通过了《人类环境宣言》，提出了"只有一个地球"的口号，开始了世界范围内的环境保护事业。

　　随着科学技术的发展，资源问题也日益成为一个全球性的问题。所谓资源问题主要是指由于人口增长和经济发展，对资源的过量开采和不合理开发利用而产生的影响资源质量的一系列问题。马克思（2009）早在《1844 年经济学哲学手稿》中就说过："自然界，就它自身不是人的身体而言，是人的无机的身体。人靠自然界生活。这就是说，自然界是人为了不致死亡而必须与之处于持续不断的交互作用过程的、人的身体。所谓人的肉体生活和精神生活同自然界相联系，不外是说自然界同自身相联系，因为人是自然界的一部分。"这就是说人是不能离开自然界而存在的，人的一切活动都是在一定的环境中进行的，必须借助于自然界中的各种资源。资源作为一种基本条件，制约着社会发展的方方面面，决定着人类的生活质量。何为资源？联合国环境规划署曾经对资源下过这样的定义："所谓自然资源，是指在一定时间、地点的条件下能够产生经济价值的，以提高人类当前和将来福利的自然环境因素和条件的总称。"（陈寿朋，2007）简而言之，资源这个概念指的是自然界中能为人类利用的物质和能量的总和，是人类生活和生产资料的来源，是人类社会和经济发展的物质基础，因而成为人类生存环境的基本要素。一般认为，资源分为可再生资源和不可再生资源两大类。可再生资源是指自然界依靠自己的力量或人类可以利用自然力来保持或增加蕴藏量的资源，具有可更新、可再生、可循环利用等特点。不可再生资源则是指自然界不能依靠自己的力量、人类也不能利用自然力来增加其蕴含量的资源，具有不可更新、不可再生、不可循环利用等特点。当今世界，资源问题危及人类生存的现象已经发展到了十分尖锐的地步，迫使人们不得不考虑这一问题的严重性。特别是"20世纪70年代的'中东战争'使人们清醒地认识到，世界的石油、天然气资源不是足够的，自然资源的有限性与人们寻求的无限性之间的矛盾迟早会爆发。一方面，随着社会发展和文明进步，人类不断发现和利用新资源、新能源。另一方面，文明的进步和科学技术的发展，又使人类消费自然资源的能力成倍增长"（丁长青，2003）。这种担心绝对不是危言耸听。

中国伦理思想历史悠久、内容丰富，科技伦理思想是重要内容之一。"天人合一"的整体思想和"惜生爱物"的生态原则是我国古代社会科技伦理思想的主要内容。首先我们来谈一下"天人合一"的整体思想。天人关系是中国哲学的基本问题。"天人合一"是中国哲学的基本精神，强调人与自然的统一。"天人合一"思想起源于西周时代。《诗经·大雅》之《烝民》曰："天生烝民，有物有则，民之秉彝，好是懿德。"说的是人的美善是天赋的，天人是一体的。此后的道家哲学、儒家哲学都对"天人合一"思想的发展做出了重要贡献，使其逐渐发展成为中国"天人合一"的哲学思想体系。古代先哲们这种尊重自然、善待自然以及人与自然和谐发展的思想观念，对于生态文明建设、和谐社会构建、促进人与自然的协调发展等都具有重要的借鉴意义。"惜生爱物"的生态原则是我国古代先民在对待环境问题上的具体化。儒家经典《中庸》中说："自诚明，谓之性。自明诚，谓之教。诚则明矣，明则诚矣。唯天下至诚，为能尽其性；能尽其性，则能尽人之性；能尽人之性，则能尽物之性。能尽物之性，则可以赞天地之化育；可以赞天地之化育，则可以与天地参矣。"何谓"赞天地之化育"？王前（2006）指出："它指的是人类的技术活动应该依照自然界的规律，赞助天地的化育过程，使之产生有利于人类生存和发展的结果。这不仅意味着不要倒行逆施，违背自然规律，同时也意味着不要取代自然界的化育过程，干费力不讨好的事情；更不要无所作为，听命于自然界的摆布。"我国自古以来就有保护自然界生物资源的思想传统，这也是我国古代农耕文化发达的重要原因。孔子的所谓"钓而不纲，弋不射宿"，就是基于保护动物资源的延续而提出的。

我国科技伦理史一直秉承人与自然和谐统一的价值追求。在人类历史上，科学技术同人类的实践活动是内在统一的。首先，人是"自然存在物"，是"自然界的一部分"。马克思、恩格斯提示，人与自然的关系的出发点是人对自然的依赖性。马克思（2009）说："现实的、有形体的、站在稳固的地球上呼吸着一切自然力的人……它所以能创造或设定对象，只是因为它本身是被对象所设定的，因为它本来就是自然界。"从起源上说，先有自然界，后有人类社会，人类是自然界长期演化的产物。自然界可以不因人的存在而存在，而人却不能离开自然界而生存。人对自然界的这种依赖性是毋庸置疑的。恩格斯也明确提出人是自然界的产物。恩格斯（2009）指出："人本身是自然界的产物，是在自己所处的环境中并且和这个环境一起发展起来的。"人始终是自然界的人，必须依靠自然界生活。其次，崇尚尊重自然规律，合理利用科学技术。马克思主义认为，自然界是本原的，它不依赖于人的精神而客观地存在着，它的发展有其自身的不以人的意志为转移的客观规律。恩格斯充分肯定了科学技术在人类历史发展中的重大作用。恩格斯指出："17 世纪和 18 世纪从事制造蒸汽机的人们也没有料到，他们所制作的工具，比其他任何东西都更能使全世界的社会状态发生革命。"但同时恩格斯也强调，人类在认识和改造自然的过程中，一定要尊重和服从自然规律，正确认识和运用自然规律。尊重自然规律，合理利用科学技术，是马克思主义的一贯主张。我们一定要牢记恩格斯的教诲，我们对自然界的整个支配作用，就在于我们比其他一切生物强，能够认识和正确运用自然规律，自觉地增强行为的合理性，减少盲目性，防止科学技术的滥用。最后，全面强调保护自然界，促进人与自然的和谐统一。作为一种价值追求，人与自然的和谐统一不仅是可能的，也是必然的。马克思、恩格斯（2009）指出："自然界起初是作为一种完全异己的、有无限威力的和不可制服的力量与人们对立的，人们同自然界的关系完全像动物同自然界的关系一样，人们就像牲畜一样慑服于自然界，因而，这是对自然界的一种纯粹动物式的意识（自然宗教）。"恩格斯（2009）非常形象地表述了保护自然的重要性："美索不达米亚、希腊、小亚细亚以及其他各地的居民，为了得到耕地毁灭了森林，但是他们做梦也想不到，这些地方今天竟因此成为不毛之地，因为他们使这些地方失去了森林，也失去了水分的积聚中心和贮藏库。"恩格斯（2009）进一步指出："西班牙的种植场主曾在古巴焚烧山坡上的森林，以为木炭作为肥料足够最能赢利的咖啡树利用一个世代之久，至于后来热带的倾盆大雨竟冲毁毫无保护的沃土而只留下赤裸的岩石，这同他们又有何相干呢？"恩格斯对自然的认识到达了一个新的高度：人类作为大自然的主人，要支配自然界，更要保护自然界。马克思、恩格斯又强调，科学技术活动既具有自然属性，也具有社会属性，在阶级社会如何运用科技成果还带有阶级性，因此，科学技术活动本身并不能使人与自然和谐统一。这种和谐统一的实现还必须以一定社会条件为前提，那就是进行无产阶级革命，建立无产阶级专政的政权，建立社会主义制度。恩格斯（2009）指出："在这里不再有任何阶级差别，不再有任何对个人生活资料的忧虑。并且第一次能够谈到真正的人的自由，谈到那种同已被认识的自然规律和谐一致的生活。"

现代我们说科学技术是一把双刃剑，我国科技伦理史也论述了科学技术与伦理道德的交互作用。作为一对处于共构状的矛盾，科学技术与伦理道德的关系不仅表现在静态的相互联系、相互渗透和相互转化上，更表现为动态的相互影响、相互促进和协调发展上。科学技术的发展需要伦理道德把握方向。科学技术与伦理道德的关系，首先表现在伦理道德对科学技术发展的方向把握上，换而言之，伦理道德对科学技术的发展具有方向性意义。科学技术是一把双刃剑，它究竟是造福人类还是危害人类，并不由科学技术本身的力量决定，而必须借助伦理道德的力量。正是在这个意义上，江泽民（2001）指出："在21世纪，科技伦理的问题将越来越突出。核心问题是，科学技术进步应服务于全人类，服务于世界和平、发展与进步的崇高事业，而不能危害人类自身。"今天的科学技术越来越具有道德的性质和伦理的意蕴。科学技术只有借助伦理道德的力量，才能朝着造福人类的方向健康发展。简而言之，科学技术的研究和应用需要伦理道德为其把握方向。首先，伦理道德是科学技术发展重要的支持性资源。伦理道德对科学技术发展不仅具有巨大的能动作用，也具有明确的方向性意义，因而成为科学技术发展的重要支持性资源。其次，良好的伦理环境对科学技术发展具有积极的促进作用。科学技术发展的伦理环境问题提出的语境乃是人类实践过程中人与自然以及人与人关系的危机。再次，实现科学技术造福人类的最高宗旨有赖于科学家和科技工作者的社会责任感和道德良知。在科学技术—伦理道德实践活动中，科学家和广大科技工作者是主体，他们的道德行为必然影响科学技术发展和进步的程度。最后，科学技术发展所带来的潜在危险也要靠伦理道德来解决。随着科学技术的发展和进步，特别是科学技术对自然和社会的深刻改造，人们面临的问题日益增多。这些问题不仅仅是科学技术问题，也是伦理道德问题。要从根本上解决这些问题，客观上要求全体社会成员特别是科学家和广大科技工作者树立高度的道德自觉，增强对社会负责、对未来负责的责任感。在这种情况下，代表社会整体利益的伦理道德在热情洋溢地鼓励和赞扬科学技术发展的同时，也要谴责和抨击那些利用科学技术成果制造灾难的行径，警戒那些利用科学技术成果破坏人类利益的刽子手。只有这样，才能保证科学技术成果真正用在为人类谋福利上。

科技进步与道德建设的相互作用是一个复杂的过程，要实现科技进步与道德建设的良性互动，就必须寻求并坚持人本、生态、公正等原则。这些原则是科技进步与道德建设良性互动的内在要求，是科技进步与道德建设良性互动由可能变为现实的必然选择，因而，也是科技进步与道德建设互动系统有序运行的前提和指南。人本原则的核心是关怀人和社会本身，关怀社会的和谐。它关注人的全面发展，体现人的最大利益，指引道德建设的目标和方向，确定科学技术发展和应用的最低限度，要求科技进步与道德建设互动必须服从并服务于人的利益，不能危及、损害人的健康生存和发展，也不能危及、损害社会的和谐。人类创造了科学技术，科学技术是为人服务的，离开了人，离开了人的利益，科学技术也就失去了自己的地位和价值①。服从并服务于人的利益是科学技术发展的根本目的和最高准则。生态原则的核心，是关怀生态系统的平衡，关怀人、社会和自然的协调发展。生态原则确立了科学技术发展和应用的最高限度，也拓展了伦理道德的调整范围和发展空间。生态原则要求，无论是科技进步还是道德建设，都必须着眼于生态系统的平衡，着眼于人、社会和自然的协调发展。人类对自然生态系统给予道德关怀，从根本上说也就是对人类自身的道德关怀。生态原则突出生态关怀，要求科学技术的发展和应用与生态环境相容，努力实现科学技术生态价值和科学技术应用的生态化，保持整个生态系统的稳定、协

---

① 马克思指出："古代的观点和现代世界相比，就显得崇高得多，根据古代的观点，人，不管是处在怎样狭隘的民族、宗教、政治的规定上，总是表现为生产的目的。在现代世界，生产表现为人的目的，而财富则表现为生产的目的。事实上，如果抛掉狭隘的资产阶级形式，那么，财富不就是在普遍交换中产生的个人的需要、才能、享用、生产力等等的普遍性吗？财富不就是人对自然力的统治的充分发展吗？财富不就是人的创造天赋的绝对发挥吗？这种发挥……即不以旧有的尺度来衡量的人类全部力量的全面发展成为目的本身。"

调发展。生态原则倡导生态价值观，以人与自然的协同发展为出发点和归宿，要求人类既对自然承担相应的责任和义务，又必须从人的物质及精神生活的健康和完善出发，注重人的生活的价值和意义。基于这种生态价值观，在任何时候、任何情况下，科学技术的发展和应用都应该有助于保护生态系统的和谐与平衡，而不能有害于生态系统的和谐与平衡。公正是一个复杂的概念。它涉及多个领域，包括政治公正、经济公正、法律公正、道德公正等。亚里士多德认为公正蕴涵着整个德行，公正在诸多品德之中具有至上性。公正是一种社会公理，在社会伦理上最具有普遍性。政治功利主义者葛德文（William Godwin）曾经说过："在一切正义的原则当中，对于人类道德上的公正是最实质性的。"（周辅成，1987）作为一种普世价值，公正所强调的是社会的"基本价值取向"及其正当性，它规定着社会制度的安排，也规定着社会成员之间的利益行为与具体的基本权利和义务。因而，公正原则也是科技进步与道德建设良性互动的基本原则。从制度的角度说，公正原则也就是制度的伦理性原则。公正也规定着资源在社会范围内的分配，强调在资源利益分配方面建立人与人之间和区域间的平等关系。它是实现社会公正的重要组成部分，也是当代中国建设环境友好型社会应当遵循的重要原则。公正还规定着社会成员之间的利益行为以及基本的权利与义务。就权利与义务的关系而言，它表明没有无权利的义务，也没有无义务的权利。在这种意义上说，公正意味着正确认识和处理个人与共同体以及人与人的社会关系，合理地规定公民的权利和义务。

科学技术与伦理道德应该是协调发展的，科技进步与道德建设是可以互动的。然而，它们在具体历史时期往往会呈现出错综复杂的冲突。当今时代，科学技术与伦理道德的冲突尤为激烈，科技进步与道德建设互动系统的建构面临重重困境。科学技术与伦理道德是社会进步的两翼，科学技术的发展往往动摇和冲击人类固有的价值观念，引发人们对科技进步与道德建设关系的思考，而人们的价值观念又直接影响着人们对科学技术与伦理道德关系的理解，影响着科技进步与道德建设互动系统的建构和运行。科学技术本身是人类社会发展到一定阶段的产物，伦理道德同样是人类社会发展到一定阶段的产物，因此它们归根结底要受到多种社会环境因素的制约。科技进步与道德建设互动系统的建构当然也要受到多种社会环境因素的制约。依据系统论的观点，社会是由科技、经济、军事、政治、法律、道德、文化等子系统构成的大系统，而每一个子系统又是由若干因素构成的，科技进步与道德建设互动系统就是人类社会这个大系统的子系统，统一于人类社会。人类社会是一个大系统，在这个大系统中，人与自然的关系是否和谐，社会是否稳定，社会物质生产状况、政治经济制度以及公众对科学技术的理解和人文素养等，在很大程度上决定着科学技术功能的发挥，决定着科学技术与伦理道德能否协调发展。科技进步与道德建设互动系统的建构及运行也离不开公众对科学技术的理解和支持。从内在本性上看，科学技术的发展和进步与人文关怀是统一的，科学技术的发展和进步离不开人文关怀。随着科学技术的发展，人类对于科学技术的人文关怀，已经不仅仅局限于对如何使用科学技术问题的关注，更加深入建筑于人类文化基础上的科学技术的持续、健康发展。因此，人类应该把握科学技术发展的伦理尺度，切实加强科学技术的人文关怀，从而使科学技术与伦理道德协调发展、科技进步与道德建设良性互动。事实上，目前社会科技进步发展所受到的人文关怀还比较匮乏，而科学技术的发展和进步离不开一定的理论思维。正如恩格斯（2009）指出的那样："一个民族要想站在科学的最高峰，就一刻也不能没有理论思维。"这就是说，科学技术的发展与思维方式的引导相互依存。思维方式虽然不能阻止科学技术的发展和社会应用，但现代科学技术发展要求人的思维方式必须具有创造性。只有变革传统的思维方式，打破传统思维方式的保守和封闭性的限制，才能适应科技进步与道德建设互动系统的建构和有序运行的客观要求。此外，现代科学技术的发展和进步也要求人的思维方式必须具有价值性、多维性、协同性等特征。从这种意义上说，传统思维方式难以适应科技进步与道德建设互动系统的建构和有序运行的要求，故传统思维方式必须变革，必须与时俱进。

第二节　普惠性人类发展契合气候公正的伦理诉求

许多有关社会公正的理论和关于效率的观点可以用作气候变化讨论的依据。如何确定公正的、合乎道德规范的行动路线？也许其中最适当的应该是启蒙哲学家和经济学家亚当·斯密（2008）所提出的理论："应以一个公正无私的旁观者的姿态来审视我们自己的行为。"全球公众意识不断提高，民主呼声席卷全球，这一切预示着资源政策改革的美好前景，提醒着人们，当今世界比以往任何时候都更有利于气候变化问题的应对和解决。

要使这一愿景变成现实，有效地处理气候变化问题，需要科学的发展理念做先导。"2030 年议程"①是人类发展的里程碑，实现"2030 年议程"是实现让所有人都能够充分发挥个人潜能这一终极目标的关键一步。实际上，人类发展框架和"2030 年议程"有三个内在联系。一是它们都高度重视普惠性：人类发展框架强调扩大每一个人的自由，"2030 年议程"强调不会落下任何人。二是它们有许多相同的重点关注领域：消除极端贫困、消除饥饿、减少不平等现象、确保性别平等。三是它们都将可持续发展作为核心原则。人类发展框架、"2030 年议程"和可持续发展目标之间的联系通过以下三种方式相互增强。第一，"2030 年议程"指出了人类发展框架的哪些分析元素有助于增强自身的概念基础。同样，人类发展框架可以审视"2030 年议程"的论述，并探查可能

---

① 2016 年在联合国大会第七十届会议上通过了《2030 年可持续发展议程》，该议程呼吁各国现在就采取行动，为今后 15 年实现 17 项可持续发展目标而努力。2016 年 1 月 1 日，议程正式启动。时任联合国秘书长潘基文指出："这 17 项可持续发展目标是人类的共同愿景，也是世界各国领导人与各国人民之间达成的社会契约。它们既是一份造福人类和地球的行动清单，也是谋求取得成功的一幅蓝图。"

进一步丰富自身内容的部分。第二，可持续发展目标的指标可以参考人类发展指标，并利用后者评估实现可持续发展目标的进展。同样，由人类发展框架可以审视可持续发展目标的指标，并纳入一些新指标。第三，人类发展报告可以成为"2030 年议程"和可持续发展目标极其有力的宣传倡议工具。可持续发展目标可以成为接下来十多年提高人类发展框架和人类发展报告关注度的良好平台。由此可见，普惠性是人类发展的一个基本目标。而应对气候变化的目的就是人类的可持续发展，因而气候公正与普惠性人类发展的目标不谋而合。

普惠性人类发展契合气候公正的伦理诉求。1990 年发布的第一份人类发展报告提出，人类发展是以人为本的发展方式[①]。人类发展方式将发展的主题从追求物质富裕转移到提升人类福祉，从追求收入最大化转移到拓展人的可行性能力，从优化增长转移到扩大人的自由。它关注的是人们生活上的富足，而不仅仅是经济上的富裕。从人类发展指数的表述可见，这种做法也改变了发展成果的审视角度[②]。普惠性是人类发展的核心，人类发展必须惠及每一个人，

---

① 人类发展是一个不断扩大人的选择权的过程。但人类发展同时也是目标，因此它既是过程，又是结果。发展意味着人们必须参与对其生活产生影响的过程，并发挥自身的作用。总而言之，经济增长只是促进人类发展的一个重要手段，并非最终目的。人类发展是关于人的发展，旨在增强人的能力；人类发展是依靠人来实现的发展。每个人都得积极参与对其生活产生影响的过程；人类发展的目的是为了人类，即改善人们的生活。这套全面发展观相比其他方法（如人力资源方法、基本需求方法或人类福利方法），内容更加广泛和完善。

② 人类发展指数（HDI）是一个整合了人类发展以下三个基本维度的综合指数：出生时预期寿命反映了过上健康长寿生活的能力；平均受教育年限和预期受教育年限反映了获取知识的能力；人均国民总收入反映了过上体面生活的能力。人类发展指数的上限是 1.0。为了更全面地衡量人类发展，人类发展报告还提出以下四个综合指数：不平等系数调整后的人类发展指数根据不平等程度对人类发展指数进行调整；性别发展指数用于对比女性和男性的人类发展指数；性别不平等指数旨在强调女性赋权；多维贫困指数用于衡量非收入的贫困维度。

而且也能够惠及每一个人。

普惠性人类发展的理念契合应对气候问题的目标。气候问题本质就是人类发展的问题，应对气候变化的目标就是普惠性人类发展的稳健继续。人类发展就是人类在生活中必须珍视（并且有理由珍视）的自由和能力的扩张。但是，使我们的生活有意义的自由和能力的扩张超出了我们对基本需要的满意度。可持续性发展作为人类发展的理论方法，要求人类有权利不让自己受出生时的随意性影响，并且这些权利不仅仅指人类维持同等的生活标准的能力，也指利用平等机会的权利。因此，在应对气候变化问题的讨论中，我们不仅要关注时常发生的情况或者更容易发生的情况，而且要考虑很少发生的但仍有可能发生的情况，尤其是那些会导致灾难性风险的情况。这与普惠性人类发展的理念是一致的。

普惠性人类发展理念适用于气候问题的应对。气候公正就是基于公平的可持续发展。其实，可持续发展和平等在根本意义上是相似的，两者都关乎分配的公平。不平等的发展进程是不公平的，无论它是否跨越群体或者隔代，当两者都对特定群体的人们显著不利时，不平等尤其凸显了不公正（这种不公正可能是因为性别、种族、出生地有所差别，也可能是因为其他的标准有所差别），当差距越大时，贫困就越严重。当代人破坏环境对于后代人的影响无异于今日的一个群体断送了其他群体对于平等的工作、健康或教育机会的渴望（UNDP，2011）。我们这里讨论的平等和可持续发展兼顾就是讨论可持续发展与平等之间的交集，也就是基于平等的可持续发展。为了促进建立一个更加公平的全球体制，全球体制改革议程应重点关注以下方面：全球市场及其监管、多边机构治理，以及加强全球公民社会的建设。应通过加强公共宣传、建立利益相关者联盟、推动议程改革等措施，为改革议程提供持续、有力的支持。从人类发展的角度来看，我们希望建设一个让所有人都能充分发挥个人潜能并实现人生价值的世界。归根结底，人类发展是关于人的发展，依靠人来实现，其目的也是为了人。人们需要彼此合作，在人与环境之间达成平衡，并为实现世界和平与繁荣而努力。要认识到每一个生命都同样宝贵，要想实现"人类发展为人人"的目标，必须从关注最弱势和边缘化群体的需求开始。

普惠性人类发展强调每个人享有相同的温室气体排放权。这一观点要求全面缩减温室气体流量，实现人均排放趋同。这种构思应该基于全球人民都达到了基本生活所需的"相当生活水准"。一旦实现了这个方面的代内公正，要求人均排放趋同才会有它的市场，所以说，每个人享有相同的温室气体排放权这个观点在未来世界是可能实现的。我们必须消除人类发展差距，并确保子孙后代享有与当代人一样，甚至比当代人更好的发展机会。全世界的可持续发展意识也在日益增强。"2030 年议程"和气候变化《巴黎协定》即有力证明。它们表明，在这些争论和僵局的喧嚣之下，也出现了就许多全球性挑战所达成的共识，以确保为子孙后代留下一个可持续发展的世界。这些前景光明的发展成就给整个世界带来了希望：事情将出现转机，变革终将实现。

第三节　普惠性人类发展为气候公正的实现提供新视角

事实一再证明，普惠性人类发展是切实可行的，但首先必须克服主要障碍和消除对其各种形式的排斥。要想克服这些障碍，需要将同理心、宽容，以及对全球正义和可持续发展的道德承诺置于个人和集体选择的中心位置，人们应意识到，自己置身于一个紧密联系的全球整体中，而非支离破碎、彼此对抗的分散利益群体中。要想实现普惠性人类发展的目标，必须认识和理解边缘化群体的形成因素及其复杂关系。当然，这些因素在各个国家和地区各不相同。应对气候变化，无论排斥行为是否出于故意，都可能造成相同的后果：导致一部分人遭受更严重的剥夺，而且并非所有人都能获得充分发挥个人潜能的平等机会。群体不平等反映了由社会体制形成和维系的社会分化，因为这些社会分化为有益成果和稀缺资源的不平等分配奠定了基础。不同群体用来排斥他人所依据的特征在不断变化，排斥的维度和机制也在发生变化。为了维系群体分化，有人可能利用或滥用法律和政治制度（黎泉等，2018）。

普惠性人类发展提出，"四管齐下"的国家政策方略可以确保"人类发展为人人"，这为实践气候公正提供了新的视角：

其一，惠及那些被人类发展遗漏的群体需要采用普惠性政策。例如，某个国家可能承诺推行全民医疗，但复杂的地理条件可能让政府无法建立能方便所有人就近就医的医疗中心。因此，需要重新调整普惠性人类发展政策，以覆盖那些被遗漏的群体。

其二，即使已经有了适当的普惠性政策，但各类群体有自己的特殊需求，还需要采取针对性的具体措施。他们的情况各不相同，因此，政策必须注意到他们的不同需求。例如，残疾人参加工作、出行，需要特殊措施提供保障。

其三，人类发展取得进步并不等于这种进步能够持续。面对各种冲击，人类发展进步的速度可能放缓，甚至出现倒退。这将对那些刚刚迈过基本人类发展水平门槛的人，以及尚未达到基本人类发展水平的人产生影响。因此，人类发展必须具备抗逆力。

其四，惠及被人类发展遗漏的群体还需要给他们赋权，以便政策没有实施或相关作用因素失效时，他们可以发出呼声，要求获得应有的权利，并求助于救济机制。

我们可以借鉴这些方略以实现气候公正，确保在当今这个全球化的世界，致力于普惠性人类发展的国家层面的政策必须有一套公正且能够丰富人类发展的全球体系相支撑。

气候公正从价值综合到价值实践的过程，是理论理性逐步减弱而实践理性逐步增强的过程，是气候公正体现自身"价值"的过程。这一过程的核心环节是气候公正的制度化。没有制度便没有可实践的气候公正。借鉴普惠性人类发展提出的国家政策方略，气候公正的实践可以从以下四个方面着手：

第一，利用普惠性政策惠及被遗漏群体。对普惠性政策进行适当调整可以缩小被遗漏群体与正常发展群体的人类发展差距。其关键举措包括：追求包容性增长，增加女性的机会，以及为人类发展的优先事项调动资源。要想实现"人类发展为人人"的目标，必须确保包容性增长，并确保四个相互促进的支柱稳固：以就业主导的增长、金融包容性、为人类发展优先事项的投资以及多维度的高影响力的双赢策略（UNDP，2016）。为了帮助人类发展惠及被遗漏群体，应从贯穿整个生命周期的角度来看待能力建设，因为人们在人生中的不同阶段可能面临不同类型的冲击。如果所有儿童都能获得与青年进入劳动力市场后面临的机会相匹配的技能，可持续人类发展便更有可能实现。正确的做法是，给予足够的重视，重点研究需要采取哪些措施，以确保全球各地的所有儿童都能顺利完成全部学校教育课程（包括学前教育）。实现青年赋权需要在政治和经济方面同时采取行动，在政治、经济方面，需要为青年人创造新的机会，并帮助他们掌握抓住这些机会所需的技能，对于年老体弱者则提供有针对性的帮助。为人类发展的优先事项调动资源的选择非常广泛，其中高效利用资源是一个有效举措。取消化石燃料补贴可以为人类发展腾出资源。提高资源利用效率相当于创造更多资源。这就意味着实践气候公正需要技术发达国家为那些被遗漏群体提供能源和技术方面的服务。

第二，增强人类发展的抗逆力。当受到全球性流行病、气候变化、自然灾害、暴力和冲突等冲击威胁时，人类发展进步往往会停滞不前。在这些情况下，弱势和边缘化群体将成为主要受害者。气候变化威胁到贫困和边缘化群体的生命和生计。应对气候变化需要采取以下政策措施：通过碳税或碳排放交易系统对碳污染进行定价有助于降低碳排放，并加大清洁能源领域的投资。目前，已经有大约40个国家在使用碳定价机制。征收燃料税、取消化石燃料补贴和加入"碳排放社会成本"等相关规定都是实现准确碳定价的间接方式。国家可以通过逐步取消有害无益的化石燃料补贴，将政府支出重新分配到最需要得到资助且效果最明显的地方，包括为贫困人口提供精准支持。制定合理的价格和补贴政策仅仅是一个方面。如今，城市化速度加快，尤其是在发展中国家。通过精心规划交通系统和土地利用，以及制定合理的能效标准，城市可以避免陷入不可持续发展模式的困境。在减少空气污染的同时，这些措施还能为穷人带来就业和其他机会。提高能效和增加可再生能源供给至关重要。"人人享有可持续能源"倡议设定了三个力争到 2030 年实现的目标：全球普及现代能源服务，能源利用效率翻番，以及可再生能源在全球能源消费中所占比例翻番。在许多国家，发展公用事业规模的可再生能源的成本已经低于化石燃料发电厂的成本，或与之相当。

气候智能型农业技术可以帮助农民提高农业生产率和应对气候变化影响的能力，同时增加有助于减少净排放量的碳汇。被誉为"地球之肺"的森林也能吸收碳排放，并将其储存在土壤、树木和树叶中。政策侧重于平衡贫穷与环境之间的关系。这是一项复杂的工程，但对边缘化群体却很重要。虽然穷人很少是环境的破坏者，但他们却是环境破坏首当其冲的受害者。能够保护社会公共资源（如森林）、保障穷人的权利，并为穷人提供可再生能源的政策，将有助于增强穷人赖以为生的生物多样性，并扭转贫穷与环境破坏的恶性循环。

第三，增强被遗漏群体的权能。当政策不能为边缘化和弱势群体带来福祉，制度也不能确保他们不被遗漏时，则必须有相应的工具和救济机制，以便这些群体能够主张他们的权利。必须通过维护人权、司法救助、促进包容和确保问责来增强被遗漏群体的权能。首先是维护人权。要实现"人类发展为人人"的目标，必须有强大的国家人权机构，并确保这些机构有能力和权力，也有意愿来解决歧视问题和保障人权。虽然不同国家对维护人权的承诺各不相同，国家机构的执行能力千差万别，有时候还存在问责机制缺失的问题，但是将发展视作一项人权本身就有助于减轻某些维度和环境下的剥夺。在当今这个一体化世界，必须将以国家为中心的问责制模式延伸至非国家行为体的义务，以及国家在国界以外的义务。离开完善的国内机制和强有力的国际行动，人权的普遍实现将无从谈起。其次要充分发挥司法救助的功能。有了司法救助，人们便可以通过正式或非正式的司法制度寻求和获得救济。再次是要促进包容。要实现"人类发展为人人"的目标，必须将所有人纳入发展对话和进程。高科技和社交媒体为新的全球组织、沟通形式和方法提供了便利。它们动员基层行动主义团体，将个人和组织召集起来，以表达他们的意见，例如通过网络活动表达。提高公共机构的公民参与质量并扩大参与范围涉及多个方面的工作，包括公民教育、能力建设和政治对话。最后还要确保问责。问责制对于确保"人类发展惠及人人"至关重要，特别是在保障受排斥群体的权利方面。知情权是确保社会机构问责制的主要手段之一。易受气候变化灾害影响的人群和国家作为世界公民同样具有发展权，通过维护人权、司法救助、促进包容和确保问责这些举措，这些群体可以主张他们的权利，争取他们的权益。联合国等机构也可以有法可依地去执行这些申诉，为气候公正的实现提供保障。

第四，全球体制改革和更公平的多边体系将有助于实现气候公正。在我们生活的这个全球化世界，人类发展成果不仅取决于国家层面的行动，还取决于全球层面的体制、事件和工作。当前全球体系架构存在的缺陷对人类发展构成了挑战。全球化成果的分配不公促进了部分人口群体的进步，却遗漏了贫困和弱势群体。全球化让这些被遗漏群体在经济上缺乏保障，其中一些人还深受持续不断的冲突折磨。简而言之，所有这些因素都削弱并制约了国家行动，并成为实现"人类发展为人人"目标的拦路虎，气候公正的实现正是如此。全球体制改革应涵盖更广泛的领域，包括全球市场监管、多边机构治理和加强全球公民社会建设，其中每一个领域都应反映出具体明确的行动。确保全球经济可持续发展，必须为国家层面的可持续发展活动辅以全球行动。抑制全球变暖的目标有可能实现。协调一致的全球行动过去曾经取得过显著成效，例如 20 世纪 90 年代控制臭氧层消耗的全球行动。持续宣传和沟通应对气候变化和保护环境的必要性对于获得各利益相关者（包括多边开发银行）的支持至关重要。金砖国家新开发银行已经明确承诺，将优先支持清洁能源项目。

总之，普惠性人类发展理念指导下的气候公正并非遥不可及的梦想，而是可以实现的目标。可持续发展目标不仅本身具有重要意义，对实现"人类发展为人人"的目标也至关重要；"2030 年议程"和人类发展框架相辅相成。此外，实现可持续发展目标还是迈向让所有人都能够充分发挥个人潜能这一终极目标的关键一步。具有历史性意义的气候变化《巴黎协定》首次将发达国家和发展中国家纳入同一个框架进行考虑，并敦促所有国家都尽最大努力，在未来几年加强他们做出的承诺。2016 年 9 月召开的联合国难民问题峰会做出了许多大胆承诺，以解决难民和移民面临的问题，并做好应对未来挑战的准备。国际社会、各国政府和所有其他有关各方都必须行动起来，确保这些协定得到遵守、执行和监督。

第七章　气候公正：基于平等的可持续发展

　　气候变化提出了关乎各国、各代人的社会正义和公平问题，将世界上贫困者的命运与尚未出生者的命运联系在了一起。当下，科学界的意见已经趋同：全球正在变暖，人为作用的可能性在90%以上。基于这样的科学事实，人类能否处理好气候变化问题，确实是对我们承担自身行为后果能力的一项考验。面对全球气候变化，我们可能有很多选择，但是本着对同族、对地球、对人类负责任的精神，气候公正应该是我们解决气候变化问题的最终诉求。当然，只有当气候公正落实成为具体的国家战略，它才具有真正的意义。

第一节　气候公正是解决气候变化问题的最终诉求

　　不管是现在还是未来，气候变化一直是一个全球性、长期性的严峻挑战，它能引发诸多难题，威胁着正义和人权。人类能否处理好这些问题，是对我们承担自身行为后果能力的一项考验。危险性气候变化是一种威胁，但并不是我们命中注定的遭遇。面对这个威胁，我们可以选择迎头直面消除它，也可以选择听之任之，使它愈演愈烈，成为完全成熟的危机。而选择后者的结果最终将阻碍全球减贫，并对人类子孙后代造成不可避免的严重威胁。气候变化带来的危机使人类发展面临重大的挑战，但全球公众意识不断提高，民主呼声席卷全球，这一切都预示着这样一个美好前景：当今世界比以往任何时候都更有利于气候变化问题的解决。正如前文所讲到的，气候变化与以往的任何问题都不同，它是一个全球现象，需要全球集体行动，共同努力；避免危险性气候变化需要空前的国际合作和集体努力。应对气候变化要求全球遵循"共同但有区别的责任"原则，要求区域利益服从全球利益，要求权利和义务在公正意义上达成平衡。共同责任与区别责任、区域利益与全球利益、权利与义务在公平意义上的平衡状态，就是本书所要讲的"气候公正"。气候公正是解决气候变化问题的最终诉求。

一、人类发展与气候环境

我们生活在一个严重分化的世界中，极度贫困与繁荣潜伏着冲突的危机。气候变化可能会导致冲突次数的增加，而冲突又是人类发展最致命的威胁之一。所以说，气候变化与人类发展的关系是非常紧密的。我们之所以关心气候资源的可持续发展，一个非常重要的原因是一代人靠剥夺其后代人的生活来维持自身的生活在本质上是不平等的，那些今日出生的人不应该比一百年或一千年之后出生的人享有更大的占有地球资源的权利。所以，为了避免这种不道德行为的发生，人类社会要走向气候公正，确保我们对世界资源的使用不会毁坏未来。

与其他因素相比，气候变化对人类发展的影响取决于局部气候效应的差异、应对能力的社会经济差异和公共政策选择。日益频繁和严重的环境灾害夺走了许多人的生命，并破坏了人们的生活、基础设施建设和脆弱的生态系统。环境灾害可能削弱人类能力和威胁到所有国家的人类发展，特别是最贫穷、最脆弱的国家[1]。收入和社会地位的提高往往同承受损失的能力和抗逆力的增强联系在一起。由于个人财产较少且不能平等地获得帮助等原因，有些地区要摆脱灾害影响可能会面临更大障碍。据 UNDP 自 1901 年以来的统计，自然灾害

---

[1]《2011 年人类发展报告》认为，环境风险可以显著加剧全球不平等。

的发生频率和严重程度都在增加，1901 年到 1910 年间有记录的自然灾害次数为 82 次，但是 2003 年到 2012 年间的自然灾害却达到 4 000 多次。即使考虑到历史较近时期较之较远时期存在记录会更加全面的因素，增加的幅度仍非常大。尤其令人担忧的是，水文和气象灾害越来越多。据统计，虽然自然灾害导致的死亡人数似乎正在减少，但受影响人数却在增加（UNDP，2014）。据 IPCC 发布的综合报告可知，热浪、洪水、干旱和强降水的出现频率和严重程度，与气候变化有关，并且这些极端事件产生了巨大的经济和社会代价。此外，越来越多的科学证据表明，人类行为对大气和海洋变暖、海平面上升和一些极端气候事件负有一定责任，全球变暖将增加严重、普遍和不可逆转的影响的可能性（UNDP，2014）。一些由人为因素导致的极端天气事件可以被预防，或者甚至可以降低其发生频率，气候变化和环境恶化严重威胁到人类发展。所以，旨在减少这些极端事件的行动，包括一项关于气候变化谈判的全球协定，对保障和维持人类发展至关重要。

我们知道，气候问题的本质就是人类发展的问题。人类发展就是人类在生活中必须珍视（并且有理由珍视）的自由和能力的扩张。但是，使我们生活有意义的自由和能力的扩张超出了我们对基本需要的满意度。当我们认识到"好生活"有许多方面，并且这些方面有其内在的价值，也认识到自由和能力与生活标准及消费有很大不同的时候，我们就能够真正地尊重其他物种，并且我们的这种尊重是不以他们对提高我们生活标准的作用为依据的，我们对其他物种的尊重就像我们尊重自然美而不以自然美怎样提高我们生活的物质标准一样。因为我们无法为严重的气候变化导致的灾难性损失设定一个合理的上限，所以我们必须减少温室气体排放，这不仅是为了减轻已知的温室气体积累所导致的后果，也是为了保护我们免受未来不确定的最糟糕情况的伤害。许多对于可持续性发展的定义都陈述了一种规则，即人类在未来的可能性不应该与今天的可能性有区别，但是它们没有认识到福祉的程度是无法比较的，也没有考虑到随之带来的风险。在阿南德（Anand）和森（Sen）的著作的基础上，我们将人类可持续发展定义为"在采取合理措施尽量避免严重影响后代自由权的前提下，努力扩大当代人的实质性自由"（UNDP，2011）。此定义强调了发展的目标就是维持人类生活有意义的自由和能力。所以，我们寻求的可持续发展的大前提是公平公正，不平等的发展绝不是可持续的人类发展。

人类发展是关于人的发展，涉及人如何增强人的能力、扩大人的实际选择和实质自由。有了选择和自由，人们才能过上他们所珍视的生活。《我们共同的未来》（2011）对可持续发展做了标准定义，即"在不损害子孙后代满足其需要能力的情况下满足当前所有需要的发展"。可见可持续发展主要强调的是代际公正。事实上，在人类社会的发展过程中，我们不可忽视的是代内之间的公正。如果代内公正实现不了，脱离了代内公正去谈代际公正只能是空谈。所以，人类社会的发展不光要纵向的平等，也就是可持续发展，也要横向的平等，就是各国各地区拥有平等的发展权。后者甚至更为重要，也更难以实践。关于平等，早期和现代的概念有所不同。早期的平等概念是指个人根据他们对社会的贡献获得相应的回报。它与公平同义，主要指的是分配平等，也就是个人之间的均等。现代人思考平等时，多会借助于美国哲学家约翰•罗尔斯的观点。罗尔斯认为平等的结果就是人们同意活在"无知之幕"后面，也就是说，人们根本不知道自己处于社会中的什么地位。罗尔斯的平等是赞成基本自由、程序公正和允许的不均等的存在的，并且认为它们的存在是合理的，继而认为只有这些合理的存在才有利于每个人；换句话说，如果减少这些存在反而会使每个人更糟（UNDP，2011）。可持续发展和平等在根本意义上是相似的，两者都关乎分配的公平。不平等的发展进程是不公平的，无论它是否跨越群体或者隔代。促进人类发展必须通过地方、国家和全球的可持续发展去实现，这应该是、也完全可以是平等的过程。

二、气候公正：平等与可持续发展二者兼顾

可持续发展观是相对于传统发展观而提出的人类发展观的新思维，它的酝酿和形成经历了一个相当长的过程，是人类以沉痛的代价换取来的认识成果。从可持续发展与科学技术的关系来说，可持续发展是科学技术必须坚持的伦理原则，科学技术则是实现人类社会可持续发展的基础和关键。把可持续发展引入科学技术发展的战略思想中，走科学技术可持续发展之路，就必须更新观念，把科学技术发展纳入人类社会可持续发展的大系统，以促进人与自然的和谐为最高准则，坚持自然科学技术与社会科学技术的协调发展。科学技术可持续发展不仅必要，而且伦理意义重大而深远。今天我们理解这个概念，又有了新的含义：可持续发展不仅要追求代际公正（平等），即当代人的发展不应损害下一代人的利益；也要追求代内公正（平等），即一部分人的发展不应损害另一部分人的利益。

应对气候变化问题坚持基于平等的可持续发展，气候代际公正和气候代内公正的有机统一是其题内之义。平等是全方位的公正，既包含纵向的公正也包含横向的公正，但着重点应该就是横向的公正。在气候变化问题上，我们强调基于平等的可持续发展，其实质就是坚持气候代际公正和气候代内公正的统一。积聚在地球大气层中的温室气体绝大部分是富裕国家和他们的国民为了他们享用的美好生活造成的，但是贫困国家及其人民却要为气候变化付出最昂贵的代价（赤道附近的国家已经出现了气候变化导致的人口死亡事件），这是不公平的。各个国家对气候变化的责任和脆弱性是成反比的，富裕国家应对气候变化意味着调整空调温度，适应时间更长、温度更高的夏季，以及适应季节变迁；相比之下，当全球变暖改变非洲天气时，意味着庄稼歉收，人们挨饿，或者妇女和儿童要花费很多时间去取水，这也是不公平的。气候代内公正是气候代际公正的前提，要想使当代人的行为不至于损害后代人的利益，则首先必须实现

代内公正。我们首先要力争实现气候的代内公正，如果代内公正都实现不了，受到不公正待遇的一方就不可能会考虑后代人的利益，那么气候代际公正的实现只能停留在文字或者口头。实际上，我们正在支取我们的子女将要继承的环境基本存量，并且我们这一代人正在积欠一笔无法承受的生态债务，这笔债务将由未来各代人承受。

从人际公正和社会公正的层面上讲，应对气候变化坚持基于公正的可持续发展就是要求人的行动应当遵循自由平等原则和机会均等原则。气候变化的核心问题是地球吸收二氧化碳和其他温室气体的能力正在受到严重影响，人类生活导致的破坏已经超出了环境的恢复能力。在生态方面，人类已经欠下了后代无力偿还的巨债。气候变化促使人们以一种全新的视角思考人类的相互依存性，不管何种原因将我们分开，人类将永远共享地球。连接人类社会的纽带没有国界之分，也不受代与代之间的限制，任何国家（不论其大小）都不能无视他人的命运而将今日的行为给未来人造成的后果抛诸脑后。我们的后代将以我们面对气候变化做出的反应来衡量我们的道德价值，这种反应将成为当今政治领导人如何采取行动信守承诺、消除贫困并建设更加具有包容性的世界的证据。如果我们的行为使大部分人类更加边缘化，那么就是对国家之间社会公平和公正的蔑视。气候变化还向我们提出了一个尖锐的问题，那就是如何看待我们与后代之间的关系。行动是一张晴雨表，我们当前对待气候变化所采取的行动反映了我们对跨代社会公平和公正的承诺，也是日后后代对我们的行为做出判断的依据。应对气候变化问题，我们坚持基于平等的可持续发展，就必须把大气温度控制在2℃这一阈值，防止人类面临危机性气候。发达国家向发展中国家提供资金援助和技术转让，可使全球在适应气候变暖的同时，与积极减排能够达到步调一致，这是防止人类面临危机性气候变化问题最为有效的手段之一。《世界能源展望》的估计表明，如果我们为每个人提供基本的现代能源服务，那么到2030年二氧化碳排放量仅会增加0.8%（UNDP，2011）。这一数据也是我们努力追求能源共享、控制排放并寻求新的更洁净能源的有力科学证明。应对气候变化坚持公正的可持续发展，其中一个重要问题就是要做到资源与环境的代际公正。我们没有权利为了自己的利益损害全人类的利益，也没有权利只顾及自己的利益对自然资源进行过度开发和利用。

坚持基于公正的可持续发展应对气候变化，要求共同提高各个层次人民适应气候变化的能力，所以应该把适应气候变化的优先地位确定下来。长期以来，适应气候变化并不是人们关注的重点，也不是国际减贫议程的核心。缓解气候变化势在必行，因为这关乎未来有害气候变化的前景。富裕国家已经承认必须适应气候变化。很多富裕国家在开发气候防御基础设施方面大力投资，并制定了国家战略，为应对更加极端和不确定的未来天气做好了准备。而发展中国家则面对着更加严酷的适应挑战，这些挑战只能也必须由在恶劣的资金条件下运转的政府和贫困者本人解决。适应气候变化能力的差异越来越明显：对富裕国家来说，适应气候变化只是建立精心设计的防御气候基础设施；而对世界上的另外一部分人来说，适应气候变化意味着人们要学习在洪水中随波逐流。而事实上，与那些居住在伦敦和洛杉矶的防洪工事后面的人不同，非洲之角的人们和恒河三角洲的人们的碳足迹根本不深。面对碳足迹和应对气候变化的压力和挑战之间的反差，富裕国家的政府和人们如何能顾左右而言他呢？并且，需要通过适应气候变化得到保障的绝不仅仅是贫困者的生命和生计，援助项目也处于威胁之中。估计目前大约有 1/3 的开发援助集中在遭遇不同程度气候风险的区域。由于各国缺乏对气候变化风险和脆弱性的详细估价，估算适应气候变化所需要的援助资金具有内在困难。富裕国家的公民能够在气候防护工事的庇护下安然躲过各种灾害。在这种情况下，富裕国家的政府和人们必须对世界上的贫困人民施以援手。出于对社会公正的要求和对人权的尊重，国际社会应该加强在适应气候变化方面的努力。

国际合作必须解决适应气候变化这一迫切问题，因为"即使对气候变化进行最大程度的缓解，全球变暖这一趋势依然会持续到 21 世纪上半期"（UNDP，2007）。解决气候变化问题使各国政府面临着艰难的选择，它们不光要考虑诸如代际与国家之间的分配平等这样的伦理问题，还要考虑经济技术以及个人行为等更为具体的问题。为了尽快使谈判成果全面转化为行动，最重要的是在世界范围内建立一个有约束力的国际协定，以此来保证长期减排，同时，为世界以及各国各地区的减排设定严格的近期和中期目标。主要发展中国家必须加入到这个协定中来，并且做出减排承诺。当然，这些承诺必须反映其状况和能力，以及坚持减贫的首要需求。如果发展中国家不做出定量的减排承诺，任何多边协议都不能保证能够缓解气候变化。同时，富裕国家对气候变化负有历史责任，如果没有它们提供财政和技术上的支持，这样的协议也不会出现。

必须把科学技术发展纳入人类社会可持续发展的大系统。人类只有一个地球，地球是全人类共同的家园，人类共同的命运高于一切。这正是科学技术必须服从并服务于人类社会可持续发展的真正意义之所在。因此，科学技术必须以造福人类为最高宗旨。任何一项科学技术政策的实施，任何一项科学技术成果的应用，都必须以维护人类的共同利益和长远利益为最高准则。把科学技术发展纳入人类社会可持续发展的大系统之中，坚持科学技术的可持续发展，还要正确处理发展速度与发展质量的关系，确立科学的科学技术发展的价值评判标准。

可持续发展坚持自然科学技术与社会科学技术的协调发展。当历史把自然科学技术与社会科学技术（包括人文科学）从原始的混沌状态，划分为泾渭分明的两大领域之后，却又重新着手改变这种既成事实的领域，将两者推向合流状态。如今，自然科学技术与社会科学技术一体化趋势中的自觉程度被提升到前所未有的高度，由此构成了现代科学技术发展的崭新图像。从系统论的观点看，自然科学技术与社会科学技术共同构成了科学技术这个大系统。作为这个大系统的两个子系统，自然科学技术与社会科学技术各有其功能，又相互促进，共同推动着人类社会的发展和进步。自然科学技术旨在探求自然界的物性机理及其运动规律，社会科学技术则研究社会现象以及自然科学技术发展和应用所引发的社会问题。自然科学技术与社会科学技术走向一体化的基本途径、表现形式以及内容和原因等，主要表现为以下诸方面：对象相互统一、方法相互移植、成果相互吸收、学科相互交叉、问题相互综合、目标相互协同、功能相互补充以及组织相互包容等。其实，自然科学技术与社会科学技术原本是一个统一的整体，只是到了近代，随着人类对客观世界认识的深入和学科的不断分化，才出现了自然科学技术与社会科学技术的分离，并逐步确立起了自然科学技术相对于社会科学技术的强势地位。科学技术可持续发展应当也必须是一个既包括自然科学技术的可持续发展，又包括社会科学技术可持续发展的整体系统。树立这样一种大科学技术观，其意义还在于赋予"科学技术是第一生产力"这一命题以新的内涵；作为第一生产力的科学技术，必须是自然科学技术与社会科学技术相结合的科学技术，只有用这样的科学技术武装起来的生产力，才能真正增强综合国力。

可持续发展要求必须以促进人与自然的和谐作为发展科学技术的最高准则。马克思、恩格斯历来认为，是"人靠自然界生活"，"人是自然界的一部分"。恩格斯（2009）指出："自由就在于根据对自然界的必然性的认识来支配我们自己和外部自然。"恩格斯（2009）告诫我们："我们每走一走都要记住：我们统治自然界，绝不像征服者统治异族人那样支配自然界，绝不像站在自然界之外的人似的去支配自然界——相反，我们连同我们的肉、血和头脑都是属于自然界和存在于自然之中的。"所以，自然界的可持续发展对于人类社会的可持续发展有重要意义，没有自然界的可持续发展也就无所谓人类社会的可持续发展。那种认为具有创造性的人至高无上的思想，那种认为自然界面临的只是人在有目的的实践中对其改造的思想，都是与人类在自然界中实践的方式不相容的，都是对人与自然之间应有的天然协调关系的扭曲。胡锦涛（2007）在党的十七大报告中指出："建设生态文明，基本形成节约能源资源和保护生态环境的产业结构、增长方式、消费模式。循环经济形成较大规模，可再生能源比重显著上升。主要污染物排放得到有效控制，生态环境质量明显改善。生态文明观念在全社会牢固树立。"这既是对人与自然关系科学认识的结论，也体现了中国共产党对当今世界课题和时代潮流的深刻洞察和准确把握，表明了我们这个世界上最大的党和世界人口最多的国家对地球和人类的负责任的态度。党的十八大则进一步提出："建设生态文明，是关系人民福祉、关乎民族未来的长远大计。面对资源约束趋紧、环境污染严重、生态系统退化的严峻形势，必须树立尊重自然、顺应自然、保护自然的生态文明理念，把生态文明建设放在突出地位，融入经济建设、政治建设、文化建设、社会建设各方面和全过程，努力建设美丽中国，实现中华民族永续发展。""五位一体"的总体布局是总揽国内外大局、贯彻落实科学发展观的一项重要部署，是对中国特色社会主义建设规律认识的深化，目标高远，意义重大。科学技术是一把双刃剑，正是科学技术的发展和应用所产生的社会负效应凸显了科学精神与伦理精神融合和统一的迫切性和必然性。在科学技术迅猛发展的当今时代，科学技术的巨大创造力鼓舞和启迪着人们去争取文明的更大辉煌，却使人类陷入了沉重危机。

第二节　气候公正的实践

气候变化带来的危机使人类发展面临重大的挑战。全球公众意识不断提高，民主呼声席卷全球，这一切预示着资源政策改革的美好前景，提醒着人们，当今世界比以往任何时候都更有利于气候变化问题的应对和解决。而要使这一愿景变成现实，有效地处理气候变化问题，靠单个国家的能力是无法实现的，只有协调一致的集体行动才能将平等和可持续性推向人类发展目标的中心位置。对气候变化的回应需要地方、国家和国际的共同努力①，而当前这三者之间极度缺乏配合。很多时候,改革政策中的决策拖延并不会造成太大的代价，而在气候变化问题上却并非如此。因为气体排放是长时间存在的，迟迟不做出减排的决定就会增加全球温室气体的存储量，并延迟减排的时限。要敞开"机遇之门"，及早彻底地改革能源政策是当务之急。

一、实践气候公正的愿景

任何气候变化缓和措施要想取得成功，首先要确立一个目标。越来越多的气候科学家就危险气候变化的临界值达成了共识，他们将 2℃ 确定为合理的上限，这也是我们采取行动的开端。所以，这个有约束力的国际协定的内容应该包括这些方面：

（1）超过工业化之前水平的 2℃ 是危险性气候变化的约定阈限，将二氧化碳的大气浓度稳定在 450 ppm，减排目标是 2050 年温室气体排放量在 1990 年的水平上削减 50%。这是协定总的前提条件。

（2）约定一个全球可承受的排放途径。

（3）要求发达国家履行之前的承诺，并为实现约定阈值进一步达成减排协议。

（4）应该增强发展中国家评估气候变化风险以及将适应气候变化纳入国家规划各个方面的能力，并通过对社会保障、健康、教育的投资以及其他措施，增强适应力，使容易遭受气候变化影响的人们有权利也有能力适应气候变化。

（5）应该将适应气候变化融入减贫策略，这些策略会去应对一些容易遭受气候变化影响的状况。这种状况往往是与由财富、性别、地点和其他不利因素

---

① 地方的努力包括对绿色城市的监管以及在公共交通中使用低碳燃料，国家层面的措施包括资源承诺和降低排放，而国际的努力包括为控制温室气体排放（例如实施清洁发展机制）提供资金支持。

导致的不平等现象相联系的。

（6）协定还应当扩大应对与气候有关的人道主义突发事件和支持灾后恢复的供给，以增强未来适应力。

（7）在开发援助范围以外，探索一些创新性融资选择方案（如碳税收、限额—交易等），调动各团体和个人对于适应气候变化的支持。

达成这一协定，并按照协定中所拟内容行事，就是气候公正的实践。

坚持气候公正，应对气候变化的发展战略包括经济活动实行低碳模式和提高对气候的适应能力，也就是大家常说的减排和适应。生产和消费模式日益凸显的不可持续性对维持人类发展进步构成了主要威胁。当前的生产模式严重依赖于矿物燃料。我们现在都知道这是不可持续的，因为世界自然资源是有限的，这种生产模式的影响也是不安全的。改变世界发展的方向需要改变能源使用方式，此举同决定工业革命的能源革命一样具有深远意义。为了使人类发展真正具有可持续性，必须切断经济增长和温室气体排放之间的紧密联系。当前，一些发达国家已经开始加大资源循环利用的力度，并对公共交通和基础设施进行投资，以减轻其对社会可持续发展的负面影响。但是大多数发展中国家受制于清洁能源的高成本和低可得性，尚未在这些领域有所建树。吸引发展中国家在这个方面有积极行动的主要动力来源于提高能源效率。所谓提高能源效率就是用更少的燃料生产更多的电力，而产生更低排放量的一种资源利用方法。从现状来讲，能源效率低已经阻碍了许多国家的人类发展和经济增长。迅速缩小贫穷国家和富裕国家的效率差距将是减缓气候变化的一大武器，煤炭在这个方面是个很好的例子。发展中国家燃煤发电厂的平均热效率是30%左右，而经合组织成员国则是36%左右。这意味着发展中国家每生产一个单位的电所排放的二氧化碳量比发达国家多20%。经合组织成员国最有效率的超临界电厂（这样称呼它们是因为它们为了降低浪费使用最高的温度燃烧煤炭），已经实现了45%的效率水平。对未来煤炭发电的碳排放量的预测对技术选择高度敏感，这些技术选择将影响总体效率。缩小这些发电厂和发展中国家平均水平之间的效率差距将会使发展中国家燃烧煤发电的二氧化碳排放量降低一半（UNDP，2007）。能源效率的提高可能会将严重的气候变化威胁转化为一个减缓气候变化的大好机遇。提高能源效率可以说是一箭双雕，它既能够减少二氧化碳排放量，又能够降低能源成本。假如 2005 年在经合组织成员国运转的所有电器都已经达到了最优能效标准，那么到 2010 年就可以节省 3.22 亿吨二氧化碳。这等于公路上行驶的车辆减少了 1 亿辆。对整个世界来说，提高发展中国家的能源效率水平能带来明显的好处。如果说气候安全是一个全球性公益活动的话，那么提高效率水平就是对这种活动的投资，会为国家带来巨大的潜在收益。既然如此，那么为什么这些潜在收益都尚未实现呢？根本原因有两点。一个原因是发展中国家本身经济和技术比较落后，低碳化的转型需要大量的前期投资，这样发展中国家就要面临巨额的递增成本。事实上，很多发展中国家根本没有这个财力去应对这个问题。另外一个原因是国际合作的失败。尽管发展中国家的低碳转型效益匪浅，但在发展中国家自己无力实现转型的同时，国际资助机制也不完善。

坚持气候公正，实现可持续排放，首先要制定可靠的碳预算。全球必须就温室气体排放的限度达成协议，在国际层面上要制定限制总排放量的框架。该框架必须根据避免危险性气候变化的目标制定详细的排放路径，在国家层面上要制定全国性的限制战略。这就需要我们为我们这个脆弱的星球制定碳预算。目前所实施的碳预算是过度的、不可持续的。若将碳预算比作财政预算，那么这个国家的政府正面临严重的财政赤字，它的公民面临着恶性通货膨胀和无法承受的债务。纵观过去一个世纪的发展状况，就会发现我们的碳预算很不谨慎。事实上，当前我们的碳预算目标只有一个，那就是将全球平均温度增长[①]

---

① 这个增长是与工业化前的水平相比而言的。

控制在 2℃ 以内。当然，这一目标是气候科学研究的结果，也是人类发展的需要。现实是人类正在跨越不可持续发展的界限，以影响后代幸福生活为代价消耗着世界的生态资源。在对地球有限资源的过度消耗中，世界上绝大多数人所消耗的资源比例显然非常小。所以说，机会不等、分配不均是我们所发现的核心问题。《2007/2008 年人类发展报告》制订了所谓的 21 世纪"碳预算"。该预算以最先进的气候科学为基础，在不导致危险性气候变化的前提下确定了温室气体排放总量。气候科学将 2℃ 确定为可能导致长期灾难性后果的临界点，这一临界点引起的更为直接的后果可能是 21 世纪人类发展的大倒退。保持在 2℃ 的阈值之内应是避免危险性气候变化的一个合理而稳健的长期目标。为了实现这一目标，应进行可持续的碳预算管理。关于采取行动的时间，从理论上来说进行碳减排可以延后，但是因此而导致的结果是在更短的时限内进行更大幅度的减排，并且成本还会上升，调整的难度也将更大。到那时候，全人类尤其是贫困人口将不得不承受过去排放所带来的苦果。如果希望在处理这些后果的同时保持千年发展目标的进展，并在 2015 年以后巩固这一进展，所处理的将不仅仅是减排问题，还必须加上适应气候变化的问题。并且，减排措施的实惠也只能缓慢地显现出来。紧急减排的动机必须出于对后代福利的关心，这很重要。根据经合组织国家所应减排的数量确定减排国，如果减排大国不参与减排，参与国将难以补偿由此带来的缺口；即便这个缺口可以补上，它们也不会赞同"搭便车"的协议。发展中世界参与定量减排同样具有重要的意义，因为发展中国家的减排量在全球总量中约占一半。当然，发展中国家的减排必须要与他们的减排空间和减排能力，尤其是他们减贫的第一要务相适应。因为即使是二氧化碳排放量高速增长的发展中国家也有迫切的发展需求，这种需求必须予以考虑，富裕国家对这个世界欠下的"碳债务"更是必须加以考虑。要偿还这一债务，承认缓解气候变化是人类发展的迫切需求，富裕国家就需要进行更大力度的减排，并支持发展中国家向低碳过渡。可靠的目标必须得到明确的政策支持，如果继续按照目前的排放趋势排放，21 世纪的碳预算将在 21 世纪 30 年代用尽。目前的能耗模式正在积累巨大的生态债务，这些债务最终将传给我们的后代人，并使他们陷入无力偿还的境地。应该说，制定雄心勃勃的减排目标是重要的第一步，将目标转化为政策的政治难度更大。我们应首先制定碳排放量的价格，改变激励机制是加快向低碳发展过渡的一个重要条件。在最适宜的情况下，碳的价格将实现全球统一。由于当今世界缺乏必要的管理系统，全球统一碳价格在政治上是不现实的。更现实的选择是让富裕国家为碳确立定价安排。随着这些安排的完善，发展中国家能够随着时间的推移，在条件允许时融入定价安排。确定碳的价格有两种方式。一是直接对二氧化碳排放征税，这并不意味着总体税负增加，而且税收收入可以用于扶持范围更广的环境税改革。这种方式能为投资者和市场提供清晰、可预测的框架，以便于他们进行投资规划，同时还能有效地促进低碳转型。另外一种方式是限额—交易。在限额—交易体制之下，那些能够以比较低廉的成本减少排放的企业可以出售排放额度。限额—交易的一个潜在害处是能源价格不稳定，益处是环境稳定性增强，因为限额本身就是一个应用于排放的最高额度。鉴于对温室气体排放进行大幅度削减已经迫在眉睫，设计合理的限额—交易方案将在缓解气候变化过程中起到重要的作用。当前，欧盟的《减排交易体系》（ETS）是世界上最大的限额—交易项目。虽然仍然存在严重的问题，但是不可否认，它已经取得了不俗的成绩。值得关注的是，世界上经济实用的化石燃料很充裕，足以导致气候变化越过危险临界值。就目前的技术而言，只需要开采地球化石燃料的很小一部分就会造成这一恶劣后果。不管传统油源的压力有多大，探明储量仍然略微超过 1750 年以来的使用总量，煤炭探明储量为 1750 年来消耗总量的 12 倍。如果在 21 世纪人类消耗探明储量的一半，温室气体浓度将增加 400 ppm 左右，必然导致危险气候变化（UNDP，2017）。化石燃料储备的可用性表明，我们需要采取谨慎的碳预算管理。

　　为了全球安全，发达国家需要在切断经济增长与环境影响的联系方面作出表率，并对发展中国家向人类可持续发展的转型给予支持。关于可持续性的政策讨论引发了大量关于投资和筹资方面的问题，尤其是在"需要多少资金？""谁可以使用？""谁应该负责融资和为何而融资"这几个方面。发展资金在两个方面制约了全球经济向绿色经济的平等过渡：首先是发展资金远远低于全球需要；其次是国家和部门对发展资金的使用权不平等，因此，它们不一定能得到用于解决环境剥夺问题所需的融资，而最贫穷的国家往往容易错失良机（UNDP，2011）。为了使人类发展可以持续，必须要切断化石燃料和经济增长之间的关联。气候变化使世界上贫困人群面临着越来越多的风险，并且也使他们越来越难以承受。这一问题的始作俑者——富裕国家不能作壁上观，眼看着贫困人群的希望破灭而无动于衷，在气候谈判会议上顾左右而言他。单独的个别行动无法阻止气候变化，为了防止温室气体排放达到危险的浓度，各国政府需要修改能量矩阵，而这就需要将化石燃料的环境成本纳入价格制定的考虑中。随着人们开始认识到能源浪费会对现在以及未来的子孙后代产生可怕的影响，价格调整的重点也不仅在于考虑这些成本，更在于改变消费者的行为。气候变化是全球争论和治理的一个重要问题，原因在于任何一个国家的行动或者不行动都可能跨越国界产生影响。这首先要从发达国家开始，因为发达国家要为有害减排承担额外的责任，这当然是鉴于历史排放的问题。这项责任的承担不仅仅需要发达国家率先大幅度减排，还需要发达国家为发展中国家提供其为了适应和减排所需要的技术和资金的支持。

坚持气候公正，建立整体性的财政资助和技术转让国际框架是当务之急。在一些领域中，国际合作能够通过支持国家能源政策改革来加大减缓气候变化工作的力度。调动国家资源是能源政策改革的主要资助手段。国际合作的核心是实现低碳技术转型目标所需要的递增经济成本和优化技术能力，而其必须面对的潜在问题是发展中国家的能源政策已经面临资金严重不足的压力。根据能源机构的估计，2010 年每年仅对电力供应方面的投资就需要 1 650 亿美元；到了 2030 年，这一数字每年还要将增加 3%。根据目前的政策，能够得到的经费不足一半（UNDP，2007），而发展中国家自身还有一系列能源部门改革问题有待解决。希望最贫穷国家既为国内减贫提供能源投资，又承担低碳技术转型的递增成本，这是不现实的，也是不公平的。当前的多边框架必须包含为递增成本提供经费的机制，同时也要促进技术转让。要实现低碳技术的转型目标，缺乏技术转让和能力建设的共同作用，光靠财政资助是不够的。未来 30 年内发展中国家能源部门所需的大量新兴投资为技术转型打开了机遇之门，但是技术升级不是通过简单的技术转让过程就能实现的。新技术的应用必须要辅以知识的增长以及多方面能力（如维护能力）的提高。在这些方面，国际合作将起到重要的作用。加强财政资助、技术转让和能力建设的合作对于增强《京都议定书》2012 年后框架的可靠性十分重要。没有这种合作，世界将不能走上稳定安全的排放轨道来避免危险性气候变化。此外，若没有财政资助，发展中国家将毫无动力去参与与那些要求它们对能源政策进行重大改革的多边协议。

坚持气候公正，就是坚持基于平等的可持续发展，它对全球的挑战还有融资和治理。官方发展援助是许多发展中国家外部资金的一项重要来源。近几年来，"在外部援助资金的数量和质量上均取得了长足的发展，从 2005 年至 2009 年资金数量上涨了 23%"。但发展援助仍不足以应对世界发展所面临的挑战。2010 年交付的 1 290 亿美元资金仅为实现联合国"千年发展目标"所需费用的 76%，而且并非所有的援助都得到了应有的利用。此外，富裕国家也从未兑现它们的承诺，其中包括 2005 年在格伦伊尔斯召开的 G8 会议上做出的承诺，即"到 2010 年以前，逐年增加 500 亿美元援助"，还有欧盟的承诺，即"援助的增加额从其国民总收入的 0.43% 增加到 0.56%"，以及联合国历来的承诺，即国民总收入的 0.7%（UNDP，2011）。发达国家还曾承诺：到 2020 年以前，每年拿出 1 000 亿美元用以资助发展中国家减缓和适应气候变化。然而，目前仍不清楚该资金是否确实能成为一笔新的额外援助，有人甚至担心现有援助会被转移到实现其他新的目标上去①。在气候变化框架公约下，按照"共同但有区别的责任"，发达国家是否履行了它们的资金承诺？答案是否定的。发达国家一共承诺了将近 320 亿美元用于气候变化的相关活动（约占官方发展援助总额的 19%)，承诺资金远远低于预计需求，而实际支出也远远低于承诺资金：在 2009 年联合国哥本哈根气候变化会议上承诺的大部分"新的额外的"资金迄今仍没有交付，2010 年实际支付的用于应对气候变化的资金还不到认捐总额的 8%(UNDP，2011)。此外，就如何跟踪支出情况以及如何确定资金是否的确是额外的等一系列问题，各国政府仍未达成共识。为了准确地监督，必须建立相应的援助基准。

坚持气候公正，创新的融资渠道至关重要，同时还需要得到发达国家更坚定的承诺和更有力的具体行动。应对气候变化需要数目庞大的新投资，但发达国家承诺的大量资金至今尚未到位。此外，财政前景也不容乐观。2008 年全球金融危机爆发，再加上长期存在的结构问题，使许多国家的财政预算陷入困境，与此同时，气候变化使贫困国家面临越来越严峻的发展挑战。国内的投资承诺固然重要，但投资需求的规模却表明，为了吸引大量额外的私人资金，国际公共资金的支持必不可少。因此，创新的融资渠道至关重要，而这需要得到发达国家更坚定的承诺和更有力的具体行动。弥补资金缺口的首要选择是征收货币交易税。货币交易税为一项对个人外汇交易按比例征收的税种②。该税收可以大大减少由于大量短期投机资金涌入世界金融市场而引起的宏观经济波动。如果设计和监督得当，该税收将使那些从全球化中受益最多的人群为受益最少的人群带来一定帮助，并为那些能经得起全球化考验的全球公共产品提供融资支持。此外，还可以利用一些公共和私人资源来消除资金缺口。一些创新

....

① 因为国际社会甚至没有对新的额外资金的定义达成共识。

② 该税收可以解决金融领域一个重大的反常现象：很多交易未收税，且货币交易税量较大的国家往往是发达国家。

性融资机构（如清洁技术基金和战略气候基金等）已经通过多个国家的开发银行、政府、气候融资机构和私人部门进行混合融资，不仅已经筹集到 37 亿美元用于发展，还有大量的额外资金可供使用（UNDP，2011）。在资金的治理和使用方面，要确保各个国家和地区的平等和话语权。如果不能确保其后资金的公平使用，将会制约相关产业充分利用低成本机会提高效率并有效减少温室气体排放量。例如，在建筑业就很难利用成本低廉、能源效率高的改进产品和工艺，这一点的转变在未来 5 ~ 10 年尤为重要，因为低收入国家大多会投资于建设生命周期较长的发电站和城市基础设施。有限的气候投资途径将把上述国家锁定在高排放的发展道路上，并因此对全球限制气温升高的能力造成影响。需要用平等原则引导和促进国际资金流动，这一点毫无疑问。此外，为了促进国际资金流的平等获取权和有效使用，与国际公共融资相关的管理机制也必须顾及话语权和社会问责制。据联合国环境规划署估计，从中长期来看，在获得足够的公共部门支持的情况下，到 2012 年清洁能源技术领域的私人投资将达到 4 500 亿美元，到 2020 年将达到 6 000 亿美元。全球环境基金的经验表明，私人投资潜力巨大：用于减缓气候变化的公共资金与所利用的私人投资之比为 7：1，甚至更低，然而这种杠杆作用需要共同努力（例如建立适宜的投资环境以及提高区域资金吸纳能力），从而促成上述资金流动（UNDP，2011）。UNDP 在其近期发布的一份关于发展中国家能力建设方针的报告中强调，发展中国家必须加强自身能力建设，以促进公共投资和私人投资的流动，从而为这些国家向低排放、气候适应型社会过渡提供必要的资金。而中期计划、预算和投资则是实现上述美好愿望和提供跨部门协调机制的基础，只有奠定了这个基础，才能实现捐助者和政府机构之间的有效协调。既然已经认识到私人资本流入对大多数国家来说日益重要，而且发展资金的援助在未来可能会有所减少，那么富裕国家便不能再推卸责任。赞成公平原则的人强烈建议将大量援助资金从富裕国家向贫穷国家转移，以满足公平的目标，并确保能够公平地获得融资资金；而持有经济观点的人则赞同将发展援助资金用于解决诸如气候变化等全球性问题。

坚持气候公正，必须确立广泛的能源可及性。确立广泛的能源可及性，对于缓解气候变化意义重大，实现它的关键在于扫除清洁能源领域的投资障碍。虽然具有潜在的可观收益，但大多数可再生能源和能源效率领域的技术研究都需要巨额的前期投入。即使上述研究运营成本一般都相对较低，但高昂的前期资本费用也仍令许多人望而却步。而企业和消费者面临的财政约束则往往比实际上由国家贴现率或长期利率所产生的影响更为严重。此外，一些行为、技术、管理或行政方面的障碍也会经常加剧上述约束。以风力发电为例，如果存在独立电力生产商入网困难、许可程序不确定、当地专业人员缺乏或长期价格无法保证等一系列障碍，那么吸引私人投资将是天方夜谭。确立广泛的能源可及性，还需要建立多合作伙伴的、多层次的应对政策。这里再次说明，从来就没有万能的解决方案，所以，国家和地方政府必须为其他参与者创造良好的条件，其中既包括国家层面和地方层面的公民社会和私人部门，也包括全球金融公司和能源公司。在发展中国家推出备受瞩目的"全球能源广泛可及倡议"的时机已经到来。它包括两部分内容：一是全球性的宣传和观念普及运动；二是通过为清洁能源领域提供专门支持，使投资落到实处。上述两点的有机结合，便可能推动能源从量到质的转变。

坚持气候公正，就要保证形成气候协定的程序的公正性，它要求全球环境融资和治理机制必须具有超越各国政府的平等和公平代表性原则（UNDP，2011），使各方都能够有效参与。人类社会的平等，既有纵向意义的平等，也有横向意义平等；纵向平等和横向平等都很重要。纵向平等着眼于个人待遇的分布，如某项汽油税对社会底层人群造成的影响与对顶层人群造成的影响不同。而横向平等与不同群体或者地区间的差异有关。在制定政策时，应该充分考虑一系列设计并确定何种设计可以有效改善政策实施结果的不平等性，而不是简单地通过或者否定某项政策。数据、分析、能力和时间方面的限制始终不可避免，因此，为了实现既定目标必须善于随机应变。对利益相关者的分析也至关重要。无论是政策的设计还是实施都可能受到政治经济因素和其他各种因素的影响，制度安排必须防止出现寻租现象和官员腐败。不仅如此，还应该防止歪曲科学事实，违反公平代表性的原则，以及消费品绿色证书冒领等一系列现象的出现。国家既需要有支持包容性绿色经济增长的行业政策，同时在推动某些特定经济活动类型时，还要留意可能存在的陷阱和挑战。新出台行业政策的特点直接关系到降低发展过程中碳排放强度的政策，如对新活动的激励措施有限、自动取消条款以及有明确的成功基准等。这就要求具备合适的制度、英明的政治领导和有私人部门参与的系统的审议（UNDP，2011）。

二、气候公正路径的可行性

关于气候变化问题，我们都主张全球排放可持续之路，而这项主张只有落实成为具体的国家战略，才具有真正的意义。当然，具体的国家战略或者全球气候战略必须要具备可行性，否则之前的努力也只能是徒劳。前面我们对气候变化问题提出了新愿景，并为愿景的实现设计了细致的路径。这些路径的可行性也正是气候可持续道路的可行性，同时也是我们避免危险性气候变化、全球集体行动应对气候变化问题的可行性。

目前，制约公众对环境问题采取行动的一个主要原因是缺乏这方面的意识。世界上三分之一的人口似乎对气候变化浑然不觉，只有约一半的人口意识到气候变化威胁严重，或者认识到该问题至少部分是由人类活动造成的（UNDP，2011）。应该说加深公众认知并不是难事，加大媒体宣传力度完全可以解决这个问题。但是即便加深了公众认知，严重的政治制约依然存在。正如瑞典作家斯文·林奎斯特（Sven Lindqvist）所说："你我的知识已够用，所缺的不是知识，而是勇气——是了解已知并做出结论的勇气。"（UNDP，2007）实际上，集体不作为反映出了政治的复杂性以及抵制改变的群体的力量。所以，在制定可能会引起实质性改变的策略时，了解这些制约因素至关重要。目前的情况：虽然尽早进行大幅减排并不是避免危险气候变化的捷径，但是我们务必要尽快实施大幅减排。可持续排放路径显示，减排行动和后果之间的时滞至关重要，如图7-1 所示。该图对下述两种情况进行了比较：一是在 IPCC 设定的非减排情境下，

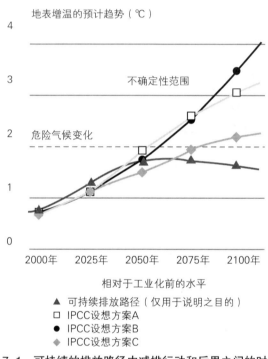

图 7-1　可持续的排放路径中减排行动和后果之间的时滞

　　注：IPCC 的设想方案描述了未来人口增长、经济发展、技术变化及相关的二氧化碳排放量的可能模式。设想方案 A 认为快速的经济发展和人口增长依赖于化石燃料、非化石能源或两者相结合。设想方案 B 认为经济增长越慢，则全球化趋势越慢，人口增长速度也会越慢。设想方案 C 认为通过提高资源利用效率、改进技术和更多因地制宜的解决措施进行减排。

　　资料来源：UNDP.Human development report 2007/2008(Fighting climate change: human solidarity in a divided world)[R]. New York: United Nations Development Progamme, 2007: 51。

气温与工业化前水平相比的上升幅度；二是世界温室气体存量稳定在 450 ppm 二氧化碳当量时预计气温上升的幅度。2030—2040 年间，温度将偏离常轨；2050 年以后这种偏离将更加明显。几乎所有 IPCC 提出的设想方案都显示，到了 2050 年气温上升将打破 2℃ 这一危险气候变化界值。温度偏离常轨涉及两个重要的公众政策问题。首先，即使通过可持续减排路径并采取严格的减排举措，这些措施在 2030 年之前是不会对世界温度变化趋势产生影响的。到了那个时候，全人类尤其是贫困人口，将不得不承受过去排放所带来的苦果。如果希望在处理这些后果的同时保持实现千年发展目标的进展，所要处理的就并不只是减排问题，而且还包括气候变化的问题。其次，减排措施的实惠要在 21 世纪后半期及以后才能逐渐显现出来。正如前文所述，当温度偏离常轨的时候，世界贫困人口将首当其冲地受到其不利影响的冲击。而 IPCC 的某些设想方案显示，到了 21 世纪末，温度将升高 4~6℃（当前这个温度也正在上升），到时候整个人类可能面临灾难性的威胁。面对此情此景，只要对气候变化的严重威胁有实质性的了解和认识，辅以对人类社会、对家庭和子孙后代的责任，那些没有"勇气"的政府还能作壁上观吗？应该说，面对气候变化这个全球公地问题，对人类的使命感必然要求我们无论是发达国家的人还是发展中国家的人都要采取措施大幅减排了。

显然，平等问题已经成为调整气候应对策略的负担。计划经济、逐步开放的社会主义市场经济和完全自由的市场经济都印证了这样一个观点：一直以来，传统的经济发展模式总是强调经济增长的最大化，却忽略了环境影响和经济活动的外部效应。特别是第二次世界大战以来，经济增长的加速方式均为碳密型增长，且经济调控有所减弱。这一无视环境的快速增长导致地球大气中二氧化碳的浓度已经超过了万分之三点五，且不断攀升，甚至已经快到了引起多种灾难的边缘。日益严重的环境恶化可能会使 40 年来各国发展差距逐渐缩小的趋势毁于一旦①。鉴于温室气体排放造成的损失和风险，以及环境退化和创新投入不足造成的生态系统服务丧失，我们应大力支持可再生能源创新技术。如果企业低估了在新技术领域的投资所能获得的长远利益，或者不能获得这些利益，他们的投资力度将可能达不到社会和全球投资所需的最佳程度。所以说，国际合作将为实现人类发展和减缓气候变化这一双赢设想方案打开大门，当务之急是增加对发展中国家低碳化的财政和技术支持。目前一些发达国家对落实2020年前减排目标的力度不够，日本等个别发达国家甚至还出现了减排目标严重倒退的现象。这些都引起了发展中国家的强烈不满，为今后的谈判带来了负面影响。之所以如此，就是因为目前的国际合作状况和现行气候变化多边主义都不是很合适。基于对人类负责的态度进行的气候谈判必然会对人类社会的现在和未来负责任。这样的谈判结果无疑是可行的，更是大家可以接受并乐于行动的。

坚持气候公正落到实处，就是要走低碳发展之路。前面我们对气候公正的实践提出了翔实的路径，但从财政的角度来考虑，它可行吗？这个问题应该是很多国家都很关注的问题。为此，UNDP综合了众多模型的量化结果，以便了解稳定水平的成本②，好给稳定全球气温水平的成本做出比较客观和科学的分析。正如上文所提到的，削减二氧化碳排放量可以从提高能源效率、减少对碳密集型产品的需求和改变能源结构这几个方面着手，翔实的科学实验告诉我们，

---

① 鉴于目前的生产技术和碳浓度，需要对经济成本和环境破坏之间的关系在妥协上进行反思。模拟研究表明，如果所有国家或地区都不愿意将未来收入减少超过1%，或任何一个五年期收入减少超过5%，那么到了2100年，二氧化碳含量将会导致全球气温比工业化前水平升高3℃。而温度升高超过临界值2℃对许多发展中国家都可能是灾难性的。

② 这些模型考虑了技术与投资之间的动态关系，探讨了实现具体减排目标的一系列设想方案。我们据此来确定实现温室气体浓度稳定在450 ppm二氧化碳当量目标的全球成本。

所有这些方面对削减二氧化碳排放量都能够起到作用。减排成本的差异取决于实现减排的方式以及实现减排目标的期限，包括用于新技术开发与应用的支出，以及使消费者转向使用低排放商品与服务的成本。在某些情况下，可以低成本实现高效减排，其中我们上文重点提及的提高能源效率就是一个典型的例子。此外，最初的成本可以带来长期的利益，而采用新一代节能低排放燃煤电站就属于这种情况，并且，逐渐减少温室气体流量的成本比突然做出改变的成本低。《2008 年人类发展报告》的建模工作通过各种情景模拟，对将温室气体浓度稳定在 450 ppm 二氧化碳当量这一水平的成本进行了估计，显示成本数额巨大。但是，行动成本并不需要我们一次性付清，而是可以分多年支付。通过简单参照假设可以发现，平均成本是从现在到 2030 年间全球年国内生产总值的 1.6% 左右（UNDP，2007）。这笔投资绝非无关紧要。将排放量稳定在 450 ppm 二氧化碳当量需要付出巨大的努力，这一点不容小觑，但是我们必须对成本做出合理的判断。斯特恩的气候变化经济学报告特别要求各国政府在估计减排成本时要同不采取任何行动的成本相比较。实现将温室气体浓度稳定在 450 ppm 二氧化碳当量这一目标的成本占全球年国内生产总值的 1.6%，这还不到全球军事开支的 1/3。在经合组织成员国中，政府支出通常是国内生产总值的 30%~50%，所以说，严格的减排目标几乎不会带来财政上的负担。如果削减其他领域的支出（如军事预算），实现减排目标将更不成问题。

我们无法通过简单的成本 / 效益分析计算出应对危险气候变化的人力和生态成本。但是从经济角度来讲，严格减排行动是有利可图的。从长期来看，无动于衷下的成本大于减排成本。灾难性气候变化所产生的影响将造成更大的损失，降低灾难性后果的风险是进行早期减排投资、实现 450 ppm 目标的最有力依据。考虑到危险气候变化将带来重大灾难性生态风险，如果用全球国内生产总值的 1.6% 可以为后代幸福买一张保单，那么代价真的是不算高。同时，这一投资可以防止全球数百万弱势群体的发展立即出现大规模倒退，并且使得各代和各国之间的社会正义因此而相互促进。总之，实现气候公正需要世界各国对全球气候危机有一种义无反顾的责任感，以及承担这项责任的决心和恒心。

我们提出的路径的出发点是努力实现实际目标，也就是避免危险气候变化。必须承认，还有很多其他可行的排放路径。有人认为每个人排放温室气体的权利是相同的，已经超过其限额的国家应该补偿那些没有充分享有其权利的国家。尽管这一框架下的各种提议通常采用权利和平等的措辞，但是是否具有权利基础我们不得而知，因为所谓的"排放权利"显然不同于投票权、受教育权或基本公民自由权。从实际的角度来讲，进行"污染权"谈判的尝试不大可能获得广泛支持。认为每个人享有相同的温室气体排放权这一观点就是要求全面缩减温室气体流量，实现人均排放趋同。这种构思应该基于全球人民都实现了基本生活所需的"相当生活水准"，一旦实现了这个方面的代内公正，要求人均排放趋同才会有它的市场。所以说，每个人享有相同的温室气体排放权这个观点在未来世界也许是可能实现的。

无论如何，实践气候公正都离不开国家层面相关政策的支持。关于"国家"，长期以来我们都是按照马克思和列宁的观念，将它定位为"暴力工具"和"压迫机器"。这样来定义国家，当然有其现实需要的合理性，但实际上却把"国家"异化了，因为这种"国家"定位将国家理解成物理功能的和物质性质的。但"国家"在本质上却是非物理性、非物质性的，是道德本体和精神本体的，并且是以道德本体和精神本体的方式存在，并发挥其聚合群体和社会及人的功能的。国家的本质不是物质性的，而是道德性的。国家是人为的组合，它们产生的直接而充分的原因乃是人类心灵的决断。左右着这种动因去创造的稳定的必然规律究竟是什么，我们迄今还不知晓。如柏克所言，国家的本质不是物质性的，更不是政治性的，而是道德性的。有关这一点，亚里士多德在创立政治学时就已经明确指出：国家以善为目的，国家是一种善业。但是，国家的产生，却不是人类心灵的决断，因为国家产生于人类本性的自我觉醒与铺张；国家的存在性展开，即生存，必须启动人类心灵来为之决断。宇宙律令、自然规则和生命原理不仅成为人性之本源，也构成了对存在世界中的人的现实人性的整体要求。实践气候公正作为实现生境文明的一个方面，必须在以下两个方面努力：一是必须努力建设生境制度，这就是党的十八大报告中所讲的"加快生态文明制度建设"；二是必须依法治国，即国家治理必须以法权思想为基石，以律法为依据，以法权宪法为准则，并且国家治理必须一切断于一法。只有这两个方面的努力达成合力时，生境文明建设才可获得实质性的成效。然而，使生境文明建设与依法治国二者协调统一地发挥其整体实效的内聚力量，却是生境伦理。引导以生境为取向的当代律法治理，必须彻底抛弃近代科学革命以来的物质幸福论思想和征服自然论观念，树立尊重自然、尊重地球、尊重资源环境的观念，明确"如果我们不能持久地和节俭地使用地球上的资源，我们将毁灭人类的未来，我们必须尊重自然的限度，并采用在该限度内行得通的生活方式和发展道路"（世界自然保护同盟等，1991）。

一旦我们改变对自然的态度，有了善待自然的新态度，学会节制地生存和节俭地生活，则必须从根本上改变对人的态度，即人的幸福和快乐并不能用物质财富的多少来衡量，而是以身心的协调来衡量。具体来讲，是以人与内在自我、人与他人、人与社会、人与国家、人与自然协调的生存来衡量的。因而，人必须获得一种整体协调和生境幸福观，并用这种整体协调的生境幸福观来取代物质幸福观。要做到这些，必须制欲，必须获得生态理性精神与能力，有节制地利用自然资源，把对自然环境生态的态度和对生命的态度看作一个基本的道德问题来重新予以考量。人类不仅对自己负有责任，而且对未来的人类负有责任。我们如何节俭地使用现有的资源，节俭地进行生产和消费来安排我们子孙后代的生活，是当前道德争论的核心所在（诺兰等，1988）。我们的生存依赖于对其他物种的使用，但这不仅是实用问题，也是道德问题，我们要保证它们的生存并保护其环境（世界自然保护同盟等，1991）。

第八章　我国气候变化伦理体系的构建势在必行

第一节　我国应对气候变化的理念与习近平生态文明思想

经过几十年的研究，国际学术界的主流科学家们取得了一致的意见：全球变暖问题大致是由人类活动直接或者间接地导致的，控制温室气体排放是一个严肃而又急迫的命题。相应地，全球气候合作不断发展持续深入。以《框架公约》和《京都协议书》（1997 年签订、2005 年生效）为核心，联合国框架下的国际气候机制已经颇具雏形。以此为依托，国际气候谈判也在持续进行当中。从京都会议到巴厘岛会议，从哥本哈根会议到华沙会议，不同国家、地域和国家集团之间利益冲突和观念的分歧日益凸显（徐保风，2018）。世界各国围绕温室气体减排的权责分配和执行时间等方面的重重矛盾与斗争日益公开化。众所周知，达成应对气候变化的具体战略之所以如此繁复，是因为它直接涉及国家经济结构的核心。气候变化问题是一个生态问题。自党的十八大以来，习近平总书记无论是外出调研还是参加中共中央政治局的集体学习，都反复强调生态文明建设的重要性，他所提出的生态文明建设理念深入人心。这些理念作为建设生态文明和美丽中国的重要组成部分，被列入了我国的发展规划之中，也是我国重视气候变化应对工作的具体行动。应对气候变化问题，中国经历了一个由积极参与到积极倡议的历程。中国应对气候变化的发展理念是习近平生态文明思想题中应有之义，中国应对气候变化的新态势是习近平生态文明思想在气候应对领域的生动展现，二者共同体现了我国生态文明的发展程度。

一、中国应对气候变化态势略图

在世界气候谈判中，中国经历了一个由积极参与到积极倡议的历程。一直以来，中国政府都把应对气候变化视作自身可持续发展的内在要求和构建人类命运共同体的责任担当，对内采取切实政策行动，对外建设性地参与相关国际进程。为使国际气候协商工作沟通便利，国家成立了国家层面的应对气候变化协调机构[①]，该机构先后和其他机构合作出版了《全球气候变化——人类面临的挑战》[②]和《气候变化国家评估报告》[③]。为了履行《公约》义务，中国政府还特别制定了《中国应对气候变化国家方案》，明确了自己的任务。

与中国积极行动相对应的是美国、加拿大、日本和新西兰等国一如既往地

[①] 当前我国的国家应对气候变化领导小组雏形为1990年设立于当时的国务院环境保护委员会下的国家气候变化对策协调小组。

[②] 2004年，国家气候变化对策协调小组和中国21世纪议程管理中心合作出版了《全球气候变化——人类面临的挑战》一书，通过科学分析气候变化的背景和实质，提出了减缓气候变化的应对行动是采取减排行动，并进一步分析和研究减排的政策、措施、手段和国际合作。书中详尽记述和梳理了气候变化国际谈判的进程、国际气候谈判、减排国际协议和监督机制，最后提出了中国应对气候变化的策略。

[③] 评估报告编写工作于2002年启动。在国家气候变化对策协调小组的指导下，国家12个部门密切配合，组织了跨学科、多领域的综合研究，历经四年完成，于2007年由科学出版社出版。时任科技部副部长的李学勇在发布会上说，《气候变化国家评估报告》是我国编制的第一部有关全球气候变化及其影响的国家评估报告，其向国际社会进一步表明我国高度重视全球气候变化问题，且为我国参与全球气候变化的国际事务提供科技支撑，为未来我国参与全球气候变化领域的研究指出了方向。

游离在全球应对气候变化的积极阵营之外①,这一现实使得后《京都议定书》阶段的气候谈判形势更加严峻。在这国际秩序新旧交替的时代,中国意识到了需要展现自我的大国风范和领导力,为全球气候行动的促成注入更大的推动力。基于此,在世界气候应对协议形成的每一个关键点上,中国都发挥了不容忽视的作用。《京都议定书》的生效是世界应对气候变化行动的关键一步。面对当时世界最强的经济体美国宣布拒绝批准②的艰难境遇,中国与其他发展中国家积极努力,直至2005年才促成180多个国家签署《京都议定书》而使其生效。2009年哥本哈根气候变化大会举步维艰,但中国代表团自此开始并在之后历次气候大会上活跃起来,展现了大国风范和领导力,让中国从气候行动的积极参与者向积极倡导者又迈进了一步。哥本哈根气候变化大会上,中国成为最精彩、最活跃的国家展台之一。众所周知,2012年的多哈修正案③维护了《公约》中的基本原则,特别是"共同但有区别的责任"原则、公平原则和各自能力原则,

① 2001年,布什上任时以"给美国经济发展带来过重负担"为由,宣布美国退出《京都议定书》。加拿大时任环境部长彼得·肯特2011年12月12日在议会举行的新闻发布会上宣布,加拿大正式退出《京都议定书》。加拿大目前是世界上人均温室气体排放大国之一。2010年坎昆会议上,日本代表连续在不同场合宣称"永远"不会就议定书第二阶段承诺减排目标。在2012年12月多哈会议上,新西兰宣布退出《京都议定书》第二承诺期。它们不但拒绝接受加大减排力度和提高透明度方面的要求,还阻挠气候资金、绿色技术转让等谈判的进展,一如既往地游离在全球应对气候变化的积极阵营之外。这导致第二承诺期的减排雄心不足,环境漏洞突出,减排效力大打折扣;发展中国家关切的气候资金等重要问题也并未得到妥善解决。

② 2001年3月,美国政府以"减少温室气体排放将会影响美国经济发展"和"发展中国家也应该承担减排和限排温室气体的义务"为借口,宣布拒绝批准《京都议定书》。

③ 2012年,中国积极与其他发展中国家协力促成《京都议定书》多哈修正案通过,并努力争取气候资金支持的延续。多哈修正案从法律上确保第二承诺期在2013年实施,并为《框架公约》中所列缔约方规定了量化减排指标,使其整体在2013年至2020年承诺期内将温室气体的全部排放量比1990年的水平减少了至少18%。

延续了《京都议定书》的减排模式，实现了第一承诺期和第二承诺期法律上的无缝衔接。正是中国与其他发展中国家积极协力促成了修正案的通过。中国在巴黎气候变化大会前期积极协调发达国家与发展中国家的立场，促进了不同阵营集团的互信与共识，对全球温室气体减排起到了实质性的推动作用和强大的示范效应。基于这些努力，里程碑式的《巴黎协定》[①] 于 2015 年 12 月最终达成。《巴黎协定》是在总结《公约》和《京都议定书》20 多年来的经验教训后达成的，凝聚了无数政治家、谈判代表和智库的心血和智慧。但这不会是全球环境治理的终点，应对气候变化不仅需要目标，更需落实。正所谓"一分纲领，九分落实。协定已经谈成，下一步的关键任务是落实"。[②] 联合国气候变化波恩会议于 2018 年 4 月 30 日至 5 月 10 日召开。中国政府把应对气候变化视作自身可持续发展的内在要求和构建人类命运共同体的责任担当，对内采取切实政策行动，对外建设性地参与有关国际进程。在《巴黎协定》实施细则谈判进程中，中国就国家自主贡献、适应、透明度、遵约、能力建设等议题提出多轮中国提案，就"塔拉诺阿对话"提交中国提案。该次会议期间，中国代表团积极参与各议题的讨论磋商，担任部分议题的联合协调员和谈判集团协调员，与各方广泛沟通交流，推动各方相向而行，分享中国经验，贡献中国智慧，为推动谈判取得积极进展发挥了重要作用。2018 年 9 月 9 日的联合国气候变化曼谷谈判是在波兰卡托维兹召开的第二十四届联合国气候变化大会的筹备会议。谈判中，中国明确表态：应对气候变化是中国推进生态文明建设的内在要求，也是作为负责任大国应有的担当。中国积极参与此次谈判，在一些关键议题上担任了协调人和发言人的角色，积极提出意见和建议，这些成为案文形成的基础。正如第 73 届联合国

---

① 这是史上第一份覆盖近 200 个国家和地区的全球减排协定，标志着全球应对气候变化迈出了历史性的重要一步。《巴黎协定》正式生效后，成为《框架公约》下继《京都议定书》后第二个具有法律约束力的协定。

② 这是中国气候变化事务特别代表解振华在巴黎大会闭幕会议上发表演说中的内容之一。

大会主席埃斯皮诺萨在回答记者提问时所言：在气候变化谈判进程中，中国始终是非常重要的一方。

二、中国应对气候变化的发展理念是习近平生态文明思想题中应有之义

发展是一个不断变化的进程，发展环境不会一成不变，发展条件不会一成不变，发展理念自然也不会一成不变。基于我国经济、社会、生态协调发展的需求，习近平反思我国的发展模式，提出了具有中国当代特色的生态文明发展观：生态兴则文明兴，生态衰则文明衰[①]。习近平生态文明思想具有丰富的伦理内涵。

习近平生态文明思想为实现人与自然的高度和谐发展提供了理论基础。众所周知，人类社会正处在后工业文明加速前进的特殊历史阶段，人类享受工业发展带来的现代福利的同时也忍受着工业发展带来的环境恶果。人类渴望通过科技、伦理、法律等方面的具体措施来缓解环境系统中不和谐的熵，尤其是要重新树立"尊重自然""顺应自然"和"保护自然"的生态文明理念，来恢复自然生态系统昔日之平衡，从而使自然、社会以及个人趋向"高度和谐"的发展状态。当代的"尊重自然""顺应自然"和"保护自然"的伦理属性的最终目标是使自然生态系统达到"生生、协变、臻善"（黄志斌等，2015）的绿色和谐状态。关于人与自然的关系，习近平生态伦理观有着明确的论述。2013年9月7日，习近平在哈萨克斯坦纳扎尔巴耶夫大学发表重要演讲，明确表态："中国明确把生态环境保护摆在更加突出的位置。我们既要绿水青山，也要金山银山。宁要绿水青山，不要金山银山，而且绿水青山就是金山银山。我们绝不能以牺牲生态环境为代价换取经济的一时发展。"同时，习近平生态文明观还强调经济与生态协调发展，"加快形成节约资源和保护环境的空间格局、产

---

① 习近平出席 2018 年 5 月 18 日至 19 日的全国生态环境保护大会时发表重要讲话，"生态兴则文明兴，生态衰则文明衰"正是在这次讲话中正式提出的。

业结构、生产方式、生活方式，给自然生态留下休养生息的时间和空间"；"坚持人与自然和谐共生，坚持节约优先、保护优先、自然恢复为主的方针，像保护眼睛一样保护生态环境，像对待生命一样对待生态环境，让自然生态美景永驻人间，还自然以宁静、和谐、美丽"。① 往小处说愉悦身心，往大处说利国利民，利于人类可持续发展的生态环境，成了中国当前社会发展的关键词。习近平"塑造人与自然和谐相处"的生态文明观、"促进经济与生态协调发展"的生态经济观、"弘扬法治理念与红线思维"的生态安全观、"良好的生态环境是民生福祉"的生态民生观（罗会钧等，2018）等等，都是中国一代代共产党人对人类同自然关系的深刻探讨，对于推进生态文明建设、实现美丽中国具有重要的理论意义，为实现人与自然的高度和谐发展提供了理论基础。

习近平生态文明思想为实现人与自然高度和谐发展提供了制度实践的可能性。高度和谐的发展状态内涵丰富，从主体人的角度看，表现为人类真化自然、善化自然、美化自然的伦理倾向；从客体自然角度看，表述为自然用绿色育人、用绿色成人、用绿色护人的伦理特征。在这双重倾向的伦理关怀下最终实现人与自然之间的互利互济、和谐共达。理念的实现需要具体制度的保障，这其中必须有包含国家意志的政策法规。"志不强者智不达，言不信者行不果"（墨子语），习近平不仅提出了生态文明思想的理念，更提出了生态文明状态落实的现实可能性。习近平在党的十八大报告中提出了"要着力推进绿色发展、循环发展、低碳发展"三大发展方式，紧接着十三五规划中还提出了"创新、协调、绿色、开放、共享"五大发展理念，都为人与自然高度和谐发展提供了实践的制度依靠。2013 年习近平就意识到，"只有实行最严格的制度、最严密的法治，才能为生态文明建设提供可靠保障"②。环境虽然是共同的，但是环境威胁却总

....

① 2018 年 5 月 18 日至 19 日，习近平出席全国生态环境保护大会并发表重要讲话，这是内容之一。

② 2013 年 5 月 24 日，习近平在中共中央政治局第六次集体学习时强调。

是落在弱势地区或者群体身上。正是因为那些环境破坏者往往不需要或者不立即需要承担环境恶化的后果，所以环境破坏事件才会频频出现。废物的处理往往遵循"方便原则"和"最小抵抗原则"来处理，废弃物随便排放、丢弃在无人管理或者成本较低的地域，丢在不会反抗或者反抗能力很小的特定区域、特定人群那里，由不特定对象承担生态后果。只有行政手段参与，使环境破坏者得到应有的惩处，才能真正起到保护环境的目的。2018 年 5 月 18 日至 19 日习近平出席全国生态环境保护大会时更是提出"用最严格制度最严密法治保护生态环境，加快制度创新，强化制度执行，让制度成为刚性的约束和不可触碰的高压线"，呼吁生态立法。一切理念的落实离不开人，"保护生态环境就是保护生产力，绿水青山和金山银山绝不是对立的，关键在人，关键在思路"[①]。生态保护落到实处就是"应多给城市留点'没用的地方'"，"就是应多留点绿地和空间给老百姓"诸如此类的细节。习近平生态文明思想满怀"尊重自然""顺应自然"和"保护自然"的伦理美德，是对人类与自然关系的深刻探讨，对于推进生态文明建设、实现美丽中国具有重要的现实价值。在其引导之下，人与自然之间"生生、协变、臻善"的绿色和谐一定能够实现。

三、中国应对气候变化的新态势是习近平生态文明思想在气候应对领域的展现

自哥本哈根气候谈判大会把气候变化问题作为社会热点升级至人们的关注常态，至今已有十多年的时间。这期间，中国在应对气候变化问题上一直态度明朗，从之前的站在发展中大国群中为发展中国家争取利益，到现如今的主动站出，展现发展中大国的负责任态度，体现了我国作为地球一分子的真诚和负责。随着习近平生态文明思想的发展，中国应对气候变化的态势也更加高昂。中国在气候谈判中的出彩表现与国内生态理念的发展相互辉映，共同展现了我

----

① 2014 年 3 月 7 日，习近平总书记在参加全国两会贵州代表团审议时的讲话。

国生态文明的发展状况。可以说，习近平生态文明思想与中国应对气候变化的新态势共同体现了我国生态文明的发展程度。

一直以来，中国政府都把应对气候变化视作自身可持续发展的内在要求和构建人类命运共同体的责任担当，对内采取切实政策行动，对外建设性地参与有关国际进程。至今，中国在气候变化领域的国家级科学研究已进行逾19年（《气候变化国家评估报告》编写委员会，2007）。我国始终奉行可持续发展战略，与世界应对气候变化步调一致。为了履行《公约》义务，中国政府还特别制定《中国应对气候变化国家方案》，明确了到2010年中国应对气候变化的具体目标、基本原则、重点领域及其政策措施，并表示中国将认真落实方案中提出的各项任务，按照科学发展观的要求，努力建设资源节约型、环境友好型社会，提高减缓与适应气候变化的能力，为保护全球气候继续做出贡献。政府还鼓励专家学者们从事气候变化应对方面的研究，希望能从中探索真知。受到国家相关举措的影响，国内学者也愈加关注气候变化问题，如中央编译局曹荣湘研究员主编《全球大变暖——气候经济、政治与伦理》一书，集中汇整了国外政治学、经济学、社会学等不同学科领域关于气候变化研究成果的理论和著作，是国内气候研究领域编译的综合性研究成果，也是气候研究工作方面的重要成果。国内先后有博士论文、国家重大课题关涉气候变化问题研究，大家都在用自己的专业智慧为应对气候变化寻求出路。

在哥本哈根会议之后的历次气候大会上，中国都做出了大国应该有的姿态，建设性地参与国际气候推动工作，同时在国内积极采取切实行动，以配合全球减排行动。众所周知，《京都议定书》的生效是世界应对气候变化行动的关键一步。面对美国宣布拒绝批准的艰难境遇，中国与其他发展中国家积极努力，促成《京都议定书》的生效。在具体行动上，中国于2014年6月向联合国交存了《京都议定书》多哈修正案的接受书，并把这些作为建设生态文明和美丽中国的重要组成部分列入了国家发展规划，在国内积极开展了大量的适应和自主减缓行动。巴黎气候变化大会前，中国政府力争两度与美国政府发表联合声明，与英国、法国、德国等欧盟主要发达国家达成共识，对全球温室气体减排起到了实质性推动作用和强大的示范效应。巴黎气候变化大会前中后期，中国发挥自己的积极作用，多次协调各个发达国家与众多发展中国家的气候立场，获得各方赞赏。巴黎大会也再次印证了中国在气候议题上越来越开放与自信，在南北国家之间起着越来越重要的协调作用，促进了不同阵营集团的互信与共识。基于这些努力，里程碑式的《巴黎协定》于 2015 年 12 月最终达成。《巴黎协议》中，中国坚持的敦促发达国家提高其资金支持水平、"制定切实的路线图"等内容被写入，从而确保发达国家 2020 年前每年为发展中国家应对气候变化提供 1 000 亿美元资金支持的承诺不至于流于形式。中国政府把应对气候变化视作自身可持续发展的内在要求和构建人类命运共同体的责任担当，对内采取切实政策行动，对外建设性地参与有关国际进程。在《巴黎协定》实施细则谈判进程中，中国就国家自主贡献、适应、透明度、遵约、能力建设等议题提出多轮中国提案，就"塔拉诺阿对话"提交中国提案。中国将继续贯彻创新、协调、绿色、开放、共享的发展理念，采取积极措施应对气候变化，认真负责地履行义务，建设美丽中国，进而推动建设清洁美丽世界。中国也将继续建设性地参与全球气候多边进程，加强与各方沟通合作，为按时达成符合各方利益的《巴黎协定》实施细则做出贡献，推动全球绿色、低碳、可持续发展。曼谷谈判中，中国明确表态：应对气候变化是中国推进生态文明建设的内在要求，也是作为负责任大国应有的担当。不可否认，中国在国际气候谈判中的高昂态势得益于国内习近平生态文明思想的强有力支持。世界审视中国的生态文明状况，必须要结合中国政府在国际气候大会上的表现与国内的环保举措，而这二者都离不开习近平生态文明思想的指导。

人应该尊重自己、他人和自然。人要如此，一个国家也须如此。中国一直秉承着和平共处五项原则，在处理国际事务上与他国相互尊重主权和领土完整，互不侵犯，互不干涉内政，平等互利，和平共处。具体到气候变化问题的应对上，中国同样尊重各国的具体情况，在制定相关政策措施的时候考虑发达国家和发展中国家的具体发展差异，力争平等互利。

第二节　我国生态伦理体系的构建

人类发展史一再昭示我们：人类改造自然和利用自然的能力是十分强大的。人类能够发挥自己的聪明才智去为自己的生存和发展创造日益优越的客观环境。如果毫无节制、急功近利，在这个改造和利用自然的过程中势必会造成生态平衡的失调，最终使人类的生存与发展受到威胁，这种现象就是生态危机。生态危机是当今人类面临的全球性问题之一。生态伦理是应对生态危机的伦理诉求，但是，生态伦理体系在我国的建设尚待完善。为了妥善应对生态危机，完善生态伦理结构，建设生态文明，降低生态风险，在全社会构建生态伦理体系刻不容缓。

一、生态伦理是应对生态危机的伦理诉求

人类实践活动所造成的日新月异的变化增强了人类改造自然和社会的巨大主体能动性，同时加深了人们既向往进步又对进步的后果心存恐惧的矛盾意识。恩格斯曾描绘美索不达米亚、希腊、小亚细亚以及其他各地居民为了得到耕地失去生存环境，最终导致民族灭亡的情景。今天的人们若重蹈他们的覆辙，不悬崖勒马，必然要付出沉重的代价。不期而遇的生态危机，正在迫使人们反思自己的行为，思考人类对于生态环境的道德责任。在解决这个问题的过程中，生态伦理的地位不可替代。

生态伦理，有时我们也称其为环境道德，通过人们对生态平衡的关心、对大自然的保护来反映人们对人类及其后代切身利益的责任心和义务感，以确保

人类更健康、更安全地生存和发展。这也就是说，生态伦理通过人对自然客体的这种特殊关系反映个人与人类整体之间根本利益的一致性。生态伦理属于社会公德的一种新形式，是自然科学发展对社会公共生活影响和渗透的反映，是社会主义精神文明的重要内容，对社会物质文明和精神文明建设有着不可替代的促进和保障作用。

作为维护生态发展的道德规范，生态伦理的核心是利用开发自然与保护自然相结合。自然道德的最高原则是应当尊重地球生态系统的完整与稳定，具体到人类行为的层面上，就是既应当不损害地球生态系统的完整与稳定，又应当保持并促进我们地球生态系统的发展。生态危机已经严重损害地球生态系统的完整和稳定。当前的危险性气候变化问题已造成了严重后果，它导致的频频发生的旱灾、更加猛烈的风暴、洪水等环境压力都将阻碍贫困者改善自己的生活。不仅如此，气候变化将不仅使数代人在减少极端贫困方面，而且在健康、营养、教育及其他方面停滞不前，甚至还将导致后退。事实证明，生态危机只是我们遇到的一个问题，并非不可避免的灾难，无论从技术上还是经济上，我们都是可以承受的，但生态危机愈演愈烈的根本原因就在于人类的不智选择。确实，你我的知识已够用，所缺的不是知识，而是勇气——是了解已知并做出结论的勇气。这个勇气不仅仅奠定在对问题关键的把握上，更在于对人类社会的责任上。未来各代应该是生态危机造成恶果的最大受害者。我们应该承担如期管理地球的职责，在道义上给予未来各代同等的重视。人类社会各代彼此骨肉相连，作为这一大家庭中的成员，有能力者承担缓解生态危机成本这一行为符合我们的道德责任。

二、生态伦理在我国的建构尚待明确

生态文明是人类为保护和建设美好生态环境而取得的物质成果、精神成果和制度成果的总和，具体包括减缓生态危机和灾害，减缓自然资源压力，改善环境和经济之间、个人和社会之间的平衡和谐等（UNDP，2013）。这一概念的核心是对过去在考虑发展问题时仅仅关注经济建设的思路和导向进行调整和改变，转为寻求实现人与自然相和谐的发展模式。自从 20 世纪末期生态文明的概念被提出以来，各领域的专家（包括学者、政府官员和环保主义者）进行了大量系统性的研究。中国传统文化中的天人和谐思想将人与自然的关系定位在一种积极的和谐关系上，是生态文明在中国发展的重要文化渊源。生态文明与现代环境道德伦理以及可持续发展模式息息相关。

当前，我国已将生态文明建设放在突出地位，融入经济建设、政治建设、文化建设、社会建设的方方面面和全过程，努力建设美丽中国，实现中华民族永续发展。2007 年中国共产党第 17 次全国代表大会明确将"生态文明"列为全国建设小康社会的五大关键目标之一。2010 年国务院印发的《全国主体功能区规划》为优化全国空间发展模式、在全国所有地区建设生态文明提供了规划基础。2012 年在中国共产党 18 次全国代表大会上，生态文明建设与经济建设、政治建设、文化建设、社会建设并列构成中国特色社会主义事业"五位一体"的总体布局，并写入党的十八大报告。报告明确指出"建设生态文明，是关系人民福祉、关乎民族未来的长远大计"，建设生态文明的关键包括资源节约、保护环境以及促进自然修复等，最终达到"努力建设美丽中国，实现中华民族永续发展"的目标。国家多个部门都在积极开展与生态文明建设相关的各项活动，包括生态农业、土地和水资源节约以及生态城市等领域，且都取得了不错的成效。2011 年成立的"中国生态文明研究与促进会"面向普通民众普及相关知识，为决策层提供咨询服务，推动全社会全方位的生态文明建设。

工业化和城镇化的快速推进，使得中国很多城市付出了严重代价，而环境污染则首当其冲。当前，全国大中小城市总体上空气质量都比较差，且发展态势不佳，呈恶化趋势，水污染问题也相当严重。这些问题都严重影响了居民的生活、安全，自然也制约了城市宜居目标的实现，对居民健康产生了极为不利的影响，引发了疾病的增加、社会不稳定。我国的突发环境事件中水污染事件的发生最为频繁，和其他国家一样，中国的气候与环境已经产生并将继续产生重大变化，而这些都增加了我国的生态风险。之所以如此，是因为在各个领域尚缺乏明确的道德规范指引和规制。建设生态文明，降低生态风险，在全社会构建生态伦理体系已刻不容缓。

三、构建我国生态伦理体系之路径

建立、健全生态伦理规范，进而构建生态伦理体系是一个系统工程。从宏观上来看，它需要从内外两个方向用力，内在就是在全民范围内强化生态伦理意识，外在就是需要建立并健全生态伦理的监督和保障机制。人不仅是自然人，更是本质上具有特定文化素养的社会人。人类正确认识自然、利用自然、保护自然和尊重自然，是更深文化内涵和更高文明程度上的人类文化自觉意识和哲学思想体现。"文化自觉更是指思想上的自觉，是我们在思想上真正形成对自身文化性质的理解。"（江怡，2012）只有对当今世界文化发展转型过程中不同文化形态有一个清晰的认识，充分认识文化认同的重要性，努力从行动上体现我们的文化认同，构建我们自身文化的特殊性和普遍性，人类才能实现真正的文化自觉。

第一，强化民众生态伦理意识，发动公众行动。

文化是民族的血脉，是人类的精神家园。文化是动态的"文而化之"。文化的价值就在于通过化育，将人类社会发展进程中创造的物质财富和精神成果融入人类生命之中，在实践检验中彰显文化的价值维度。文化是社会发展过程中最终起决定作用的力量源泉。文化建设的根本是社会核心价值体系建设。弘扬文化的重要意义在于引领风尚、教育人民、服务社会、推动发展和促进文明。文化集中体现了代表一个社会或者民族的独特精神、物质、理智和情感特征的价值认同体系，在"融合人的基本权利的同时，还包括了生活方式、传统和信仰、艺术和文学"（赵中建，1999）。多元文化具有独立性、完整性和丰富的差异性。多元文化富有成效的交流和对话更有利于文化特征发展和价值观弘扬。文化传播给教育带来了新的挑战，尤其为直接指向精神成长、价值选择、伦理转化、实践检验的道德教育提供了新的生机。"基于道德与文化之间天然的、本体意义上不可分割的联系，道德和道德教育始终存在于一定的文化谱系之中。"（戚万学，2009）道德和道德教育在价值理想上体现了文化特有的内在精神和价值准则，在教学内容上反映了不同类型文化特别要求的人伦规范。文化的基础在于文化心理。道德文化建设实质是促成社会统一的道德文化心理认同和道德规范关系解读。文化依赖道德精神引领和道德信念支撑。为了有效避免道德教育实践的技术化、空壳化、相对化和外在化倾向，深刻变革道德教育的文化传承和价值脉络，避免现实社会道德教育应有的文化品位、文化追求和文化路向被不良倾向所蒙蔽，坚决以现代文化蕴涵的价值观为根本指向，重新审视道德教育的文化本质和价值追求，应该成为我国当前道德教育理论教育建设和实践改革的努力方向。钱穆将中国的文化精神称为"道德精神"，这种道德精神是中国文化历史传统的中心，是人内心要追求的"做人"的理想标准，"是人类自己的内心要求。我们的天性，自要向那里发展，这是人类的最高自由"（钱穆，2012）。《易经》主张"刚柔交错，天文也。文明以止，人文也。关乎天文，以察时变，关乎人文，以化成天下"。文化始于自然，源于生活，在积累和传承中不断创新。文化是人类社会最重要的精神属性，深刻影响着人们的思维导向与生产生活方式。大自然是人类的精神家园和文明载体。文化的内涵孕育着人与人之间平等交流融合，也包含着人与自然和谐共生共荣。德国学者卡西尔（2010）在《人论》中提出："人是文化的符号，是文化的产物，也是文化的载体。"人类学家林登在阐释文化对人类生存、社会延续和理想追求的重要意义时强调："若没有文化，人类绝不会比类人猿更高明。"（韦政通，2010）黑格尔认为"人的一切文化之所以是人的文化，乃是由于思想在里面活动"。

文化是人类精神投射的荧幕，是伦理精神革新的基石。新的文化精神革新要求必须同时进行文化改造。

生态文化是正确对待人与自然和社会的关系，实现人与社会、人与自然协调可持续发展的思想支撑，是在生态价值观指导下，体现人与人、人与自然和谐关系的新型文化形态和社会意识形态，是正确处理和协调人与自然关系的"整体文化价值观"，是人类思想观念和环境意识领域发生深刻变革的时代产物，是人类面对生态危机，在更高层次上寻求尊重自然法则的回归，在可持续发展过程中寻求文化转型和生产生活方式变革的必由之路。文化的发展，文明的进步，都是以大自然的存在和延续为基础的，都是以人类的文化传承和伦理提升为媒介的。生态文化的建设与发展，与现代人的科学观、教育观、伦理观和生态观密切关联，是现代全球文化发展历程不可或缺的重要组成部分，是新形势下环境保护事业的必然要求，是推动公民道德建设、加快社会主义精神文明建设、全面实施素质教育的重要时代特征。环境文化建设不仅体现在意识形态建设上，更应当"体现在制度建设上，形成制度环境文化，以环境伦理道德规范人们的行为，促使师生形成新的行为习惯和生活方式"（马桂新，2007）。

一切形而上的思想、意识、道德观念都是形而下的存在决定的，人类的聪明才智、道德风尚、精神追求以及物质和精神财富都依赖于大自然的赠予。建设和谐社会离不开人与自然的和谐相处，人与人、人与社会和谐相处的前提和基础是人与自然的和谐。作为一个有机的系统整体，文明是考量人类整体生存发展能力的价值认定标志，是对整个社会文明完整形态的准确把握。"文明是人类、其他动物、植物与土地之间相互的和彼此依赖的合作，这种合作随时都有可能因其中一方的失误而受到破坏。"（伦纳德·奥托兰诺，2004）文明绝不允许人类去粗暴征服一个稳定而永恒的地球。人类历史本身既是自然史的延续，又因为人类的创造性活动在根本上区别于自然。人类文明是一种永恒的价值追求，是和谐发展进步的规律性和社会主体成长的合乎目的性的有机统一。人类文明发展演变的价值根源在于自然价值和社会价值的双重建构，这离不开伦理教育的推动作用和价值主体的逻辑关系认定。人类与地球之间的和谐关系已经被严重改变，影响深远的新连接关系实质上已经演变成一种"冲突"关系，"今天的人类文明对全球环境造成威胁，而全球环境变化对人类文明也造成了威胁……彻底改善和最终修复文明社会与地球的关系才是真正的解决方案"（牛顿等，2005）。面对全球性环境问题的严重性和复杂性，阿尔·戈尔认为不应当将全球性环境问题限定为具体环境问题或环境危机的化解，而要用生态文明的道德视野来看待、考虑、认识和理解环境，主动改善和修复人类社会与地球的关系，修正在文明发展低级阶段的工具化和功利化价值衡量尺度。《新共和报》和《旧金山纪年报》高度评价戈尔在《濒临失衡的地球》一书中，对环境危机富有理性的深入分析和强烈的道德价值取向，"呼吁文明承担起道德责任，呼吁人从内心深处懂得道德和责任这两个词意味着什么"（阿尔·戈尔，2012）。

生态文明基于对生态文化的普遍认同。生态文化的熏陶为人类文化向大自然延伸提供了道德取向上的"正能量"。生态文明更依赖于生态文化教育的传播和弘扬。在生态文明进程中，教育功能的发挥主要在于促进科学观和价值观改变，提升国民对生态文化的延续传承能力，引导人们正确评价科学技术应用，推动生态技术发展，提高生态文化发展水平。人类一切社会活动与自然互动的关系是紧密联系在一起的。在历史唯物主义基础上重建人与自然、人与社会以及人与人之间的新型和谐关系，有助于帮助现代化文明彻底摆脱危机丛生的现实困境，树立全新的生态世界观，培育和谐的生态智慧，建设和弘扬生态文明。这是指导环境保护事业的灵魂和精神动力，是从根本上解决环境和生态破坏问题，加快经济社会可持续发展的内在要求。先进的环境伦理和发展观教育是助推社会进步与文化建设进程、增强可持续发展软实力的正确抉择，是促进人类社会在自我反思、自我批判、自我改进和自我完善中完成环保使命的思想保障。

生态意识具有强调整体、关注未来和追求和谐等特征。生态意识是现代社会和未来发展对每个人普遍的基本素质要求。生态文明建设从生态价值观维度出发，通过生态价值观建设和环境伦理教育，引导人们树立正确的自然观、消费观和幸福观，不断提升人们的生态价值境界，形成自觉的生态意识，逐渐将这种生态意识内化为人们坚定的行为信念。环境伦理教育是现代素质教育的重要内容。环境伦理教育在促进人与自然和谐相处、遵守生态伦理规范、尊重自然客观规律、提高生态保护意识方面发挥着不可替代的教育功能。人与自然和谐相处是社会主义和谐社会建设的一项重要内容，也是生态文明建设的必然要求。社会主义核心价值体系引领的社会主义先进文化是落实科学发展观、加快生态文明建设的根本保障。加快社会主义环境伦理教育是推动社会主义文化大发展、大繁荣的有机组成部分和重要实施载体，也是社会主义现代化建设的必然要求。

生态文明既是理想境界又是现实目标，既是生动实践又是长期过程。生态文明追求人与人之间的和睦相处和美妙感受。人类能够真切体验到自身与自然友好相处所带来的愉悦、快乐、幸福、安宁和温暖。环境伦理教育是加快环境文化建设的有效措施和活动载体。环境文化建设是提高环境伦理意识、树立人与自然和谐相处的生态文明观、改善环境保护水平的重要思想基础，体现了现代绿色文明的时代进步要求，代表先进文化的重要发展方向。"广泛开展群众性生态文明创建活动是最行之有效的方法之一。"（李世书，2011）生态文明建设需要依靠的主体是人民群众。各种生态理念、道德原则和价值取向必须作为一种文化因素扎根在人民群众心中，才能真正转化为人民群众的内在思想观念和自觉行动准则。

环境文化建设涉及环境保护的方方面面。深入开展环境保护必须深刻变革全社会的环境伦理思想。丰富多彩的环境保护创建活动（环保模范城市、生态示范区、绿色学校、绿色社区、绿色家庭、环保小卫士、环境教育基地的保护创建）、群众喜闻乐见的环境保护文学艺术作品（环保类影视作品，环境科普读物，环境文学类图书、杂志、书法、绘画、歌曲及文艺节目）、环境伦理道德理论研究和环境哲学思想研究都是环境文化建设的重要组成部分。环境文化理念的广泛渗透，"预示着人类文明已从传统工业文明逐步转向生态工业文明，并将以自然法则为依据来改革人类的生产和生活方式"（国家环境保护总局宣传教育司，2006）。生态文化是根据生态系统的内在联系法则来最优化地解决人与自然辩证关系的意识形态集合体。生态文化建设是提高环境和生态保护意识、加快落实科学发展观和推动生态文明建设的根本保障。必须大力培育和弘扬以科学知识为基础、以科学方法为支撑、以科学思想为核心、以科学精神为灵魂、以科学伦理为指引的先进文化教育，积极倡导人与自然和谐相处的伦理文化。

生态文明是继原始文明、农业文明、工业文明之后，反映人类社会中人与自然和谐程度的新型社会文明观，是在物质文明、精神文明、政治文明和社会文明基础之上的更高级形态的文明，是处理与自然的关系时必须遵循的基本行为准则，是人类文明理念发展进步到高级阶段的产物。五大文明构成系统之间相互生成、相互交织、相互构建、相互融合。加快生态文明建设进程符合中国经济社会可持续发展的现实需要，是人类文明史上质的提升和飞跃。生态文明是超越工业文明的又一新型文明形态，是对可持续发展模式的追求，是对虚假消费和不合理生产生活方式的克服，是对合理生活需求与内心幸福的满足，是追求合理经济增长、科技进步、社会民主正义和人类全面发展，保持自然和谐发展，彰显人类整体利益、突出区域发展特色的新型环境伦理观、价值观和发展观。统筹人与自然和谐发展，正确处理好经济发展与生态保护的关系，是推动文明发展的长远大计和必须之举。建设生态文明是关系人民福祉、关乎民族未来、关涉国家富强的长远大计。节约资源和保护环境是我国经济建设和社会发展必须长期坚持的一项基本国策。

生态文明是人与自然、人与社会、社会与自然之间和谐共生的生存格局和价值构架，不仅包含自然意义上优美生态环境的视觉体验，也包括健康生存条件和完美生活质量上的情感体验，整体呈现出理性生存环境的结构样态。道德担当对于维系生态价值链的和谐稳定至关重要。人类文明由工业文明向生态文明转化，最终实现人类文明的持久永续发展，必须遵循经济规律，合理利用自然资源，保护和优化生态环境；必须坚持环境正义、代际公正和尊重自然的根本原则，强化生态文化道德建设，妥善处理好人与人之间、当代人与后代人之间、人与社会之间以及人与自然之间的和谐关系，创造一种爱护环境、保护环境、对环境友好的文化氛围，为实现人与自然的和谐提供源源不断的精神动力和价值支持。

公众关注是政策变化的最终推动力量。强化民众生态伦理意识，发动公众行动，对构建生态伦理体系至关重要。伦理是一种非正式的制度，它是软性的、内在的和价值层面的。伦理规范强调主体的内心起约束作用，减少"失德"行为的发生。如何才能促使人们都正确地处理人与环境的关系？在社会范围内树立强烈的环境意识应该是不二选择。

不仅企业组织可以参与国家社会的生态缓解事宜，全体公民也能够承担相应的责任。事实上，任何事情的具体实施都要靠具体的人，而不是抽象的团体或者组织。公众拥有巨大潜力，能够影响国家治理规范和决策。对公众权利空间的限制及其他限制会影响公众的能力和功能。一方面，公众舆论在很多层面都起着重要作用。若公众能够明确理解为什么生态危机是如此紧迫的议题，就能为政府进行彻底的能源改革创造政治空间。另一方面，公众对政府政策的监督也是关键。如果没有公众监督，浮夸的空谈很可能替代具有实质意义的政策行动。所以说，构建生态伦理体系，务必从强化民众的生态伦理意识入手。所谓民众的生态意识，就是民众从人与生态环境整体优化的角度来理解社会存在与发展的基本观念，是民众尊重自然的伦理意识，是人与自然共存共生的价值意识。一个国家民众的生态意识是衡量这个国家或民族文明程度的重要标志。

客观上讲，目前我国公民的生态意识水平还不高。近年来，我国的生态教育虽然已经展开，但相当多的公民对生态环境仍缺乏科学的认知。事实上，有的公民精神观念处于自我悖论状态：一方面，需求与消费无度，导致资源消耗加剧、生态环境破坏；另一方面，渴望绿色的生态环境，渴望人与自然和谐发展。提高民众生态意识，要求公民生态意识教育的全民化和社会化，也就是说生态教育应普及每个公民，并且使生态教育成为公民的终生教育。

强化民众生态伦理意识，媒体的角色不容忽视。媒体在传播信息、改变大众观念方面起着关键作用。它们除了能监督政府行为、加强政策制定者的责任感之外，还是向公众传播生态危机科学知识的主要渠道。新技术的研发和全球化网络的形成更是加强了全世界媒体的力量。很多记者和媒体机构在活跃公众讨论并加深认识等方面做出了突出贡献，然而他们的报道也存在很多问题。如媒体奉行的社论平衡原则的运用就会导致公众意见混乱。社论平衡原则是所有自由媒体备受推崇的重要目标，可如果研究生态危机的顶级科学家达成了压倒性的"多数人"意见，那么，公民就有权了解该观点。当然，他们也有权了解少数人的观点。然而，社论选择过程中将两种观点等同视之，并不能帮助公众做出判断。对很多生态问题的报道媒体很难向公众准确传达，例如，媒体总是过多关注对灾难性风险的报道，而对更直接的人类发展威胁报道得相对较少，在很多情况下，这两种情况还往往被混淆。近年来，关于生态灾害的报道数量上有所增加，质量也有所改善，但是在有些领域，媒体报道仍然会抑制人们在了解实际情况的前提下进行辩论。在发生生态灾难期间或者在发布重要报道前，我们的注意力高度集中，但是随后往往是冗长的报道过程。人们总是关注眼前的紧急状况和对未来事件的预测，这种倾向模糊了一个重要事实，即生态灾难带来的中期影响危害最大，这将逐渐给弱势群体带来越来越多的压力。同时，造成这些压力的富国人民和政府所负有的责任并没有得到充分体现。结果，公众对支持缓解生态威胁的措施、加强适应性的认识仍十分有限，这些最终导致减缓生态威胁的国家发展援助的进展也十分有限。所以说，媒体应该调整对生态威胁的相关报道重点。为了在强化民众生态伦理意识、发动公众行动方面发挥积极作用，媒体的着重点应该放在导致生态威胁的原委、生态威胁的严重后果以及缓解生态威胁的措施方法上。只有让公众了解相关科学知识，并给予有效引导，才能真正发挥公众在缓解生态威胁方面的积极作用。

第二，建立健全生态伦理的监督和保障机制。

人与自然和谐是生态文明的本质特征。实践生态文明要以科学发展观为指导。生态文明建设是"美丽中国梦"的重要支撑。生态文明建设以尊重和维护自然、把握自然规律为前提，以人与自然、人与人、人与社会和谐共生为宗旨，以保全资源环境承载力为基础，以建立可持续发展的产业结构、生产方式、消费模式为着眼点，涵盖了先进的生态伦理观念、发达的生态经济、完善的生态制度、可靠的生态安全和良好的生态环境，强调人要自觉自律，人与自然要相互依存、相互促进、相互融合，加快建设生产发展、生活富裕、生态良好的新型文明社会。"环境保护优先"理念充分体现了我国对自然规律和经济社会发展规律的认识日益深化，对发展和保护的辩证统一关系把握较为科学，对保护环境就是保护生产力、改善环境就是发展生产力的理念极为认可。生态文明提升了人与自然的道德关系，引导人们以非功利眼光处理人与自然的关系。生态文明研究的突破点在于对人类生存发展现状的理性提升和道德关怀。生态文明建设涉及政治民主、经济发展、科技进步、思维方式、城乡建设、消费水平和人格修养等各个方面，其根本目标就是实现人与自然、人与社会以及自身关系的和谐共生。其指导思想是中国特色社会主义理论体系，本质特征是和谐可持续发展，价值追求是提高环境伦理道德素养。

生态文明建设实践活动必须将制度建设和价值观教育有机结合在一起。生态文明宣传教育是一项长期的系统工程，既涉及个体行为方式、思维模式和伦理价值观，又涉及全社会伦理道德体系的生态扩展和重新建构。生态文明宣传教育要从无形转变为有形，注重在日常生产生活消费方式中培养良好的行为习惯。"只有通过生产方式和生活方式的变革，确立现代文明新的发展范式，才有可能根本解决人类文明的可持续发展问题。"（崔伟奇，2012）生态价值观建设依赖于人民生态意识的自觉和价值境界的深入，依赖于人自身自然属性与社会属性的平衡、人与人以及人与社会组织的平衡、人类社会与自然生态系统的平衡。环境伦理教育正是提供生态伦理基础价值知识、启发人们生态觉醒的有效制度保证。平等性价值观贯穿于整个生态社会构建过程。价值共赢是使社会生态系统形成完整生态价值链的基本要求。积极奉行人与自然共生共荣、人与人平等相处的平等、公平正义的生态伦理价值观，是实现社会生态化教育和管理的价值认知保障，是生态文化体系建设的核心价值观。生态文明必须从全社会各个层面共同推进，以节能减排为抓手，以生态补偿为重点，以环境伦理为先导，以素质教育为根本，营造爱护环境的良好社会风尚，建立反映市场供求和资源稀缺程度、体现生态价值和代际补偿的资源有偿使用制度和生态补偿制度。

建设生态文明是关系人民福祉、关乎民族未来的长远大计。加强生态文明宣传教育，增强全民族节约意识、环境意识、生态意识，转变发展模式，呵护碧水蓝天，建设美丽中国，确立环保优先理念，形成合理消费风尚，营造爱护生态的良好风气，已经成为党和政府的紧迫任务以及全体社会成员的共同责任。为了全面贯彻落实科学发展观，积极实践生态文明，以生态文明支撑美丽中国，尽早实现中华民族伟大复兴的中国梦，环境伦理教育必须顺势而为。环境伦理教育已经成为拓展道德选择视野、凸显新时代环境和谐发展的道德新要求、构建伦理道德新体系的重要德育工作新目标。保护生态环境、建设生态文明离不开环境法律法规的外在约束力，更离不开生态伦理道德的内在约束力。构建社会主义和谐社会离不开先进文化的有力支撑。生态文化建设作为先进文化的重要构成部分，对构建社会主义和谐社会具有重要意义。生态文化建设的有效载体是环境伦理道德教育的广泛开展。环境宣传教育的重要任务就是要从各个角度、运用多重手段宣传生态文明理念。中国实现绿色转型和绿色发展的内在基础就是全社会生态文明理念的养成、环境意识的树立和环境文化的发展。绿色发展涵盖了自然资本、经济资本、社会资本和人力资本四大要素，面临的最大挑战是环境保护、社会发展和经济增长的协调。环境资源的公共产品属性和环境污染的负外部性效应，决定了国家层面绿色转型的关键在于经济社会发展模式的根本转变，要以生态文明意识转型和道德约束机制为引领，以绿色、生态、环保为中心，以低碳、循环、健康和可持续为主线，通过合理有效的资源配置以及人与自然的包容性增长，最终实现人类发展与生态和谐的兼容共存。美丽中国蕴含了自然环境之美、国家精神与社会发展之美两大价值维度。政治、经济、文化、社会、生态文明建设五位一体的中国特色社会主义现代化，迫切呼唤道德自觉意识支撑下的文明觉醒和人的自由全面发展。加大生态文化的宣传教育力度，深入开展环境伦理教育培养，通过广泛开展宣传教育和环保活动，强化对生态文明理念的理解，形成环境友好的共同价值取向，改变一味追求短期利益的粗放型经济增长方式，把生态文明思想转化为保护环境的自觉行动。

在生态文明建设实践活动中要注重生态保护制度建设，要立足于考核评价制度、基本管理制度、资源有偿使用制度、生态补偿制度、市场化调节机制、责任追究和赔偿制度，通过加强环境监管改变忽视自然发展客观规律、盲目追求短期利益的粗放型经济增长方式。以环境伦理为先导，以转方式调结构为根本，以节能减排为抓手，以生态补偿为重点，营造爱护生态环境的良好社会风尚，深化资源型产品价格和税费改革，建立反映市场供求和资源稀缺程度，体现生态价值和代际补偿的资源有偿使用制度和生态补偿制度。通过设定配额总量进行配额分配、建立交易市场降低履约成本、遵循市场规律试行配额交易等途径，积极开展节能减排指标、碳排放权、污染物排放权和水权等交易制度平台建设。要彻底改变"唯GDP是瞻"的错误发展观，正确认识环境保护优先的极端重要性，把资源消耗、环境损害、生态效益纳入经济社会发展的综合评价体系，建立以生态文明建设为导向的目标责任体系、考核办法和奖惩机制。通过环保问责机制倒逼环保考核体系实现"绿色转轨"，推进人与自然和谐价值观的传播，营造爱护生态环境的良好社会风气，在全社会弘扬人与自然和谐相处的生态伦理观，增强全民节约意识、环保意识和生态意识，丰富精神文明建设和公民素质教育的内涵，努力将先进的环境价值观、生态文明观和道德共识演化为全社会的良好生产生活习惯，为社会主义环境文化建设奠定主要的文化基础和伦理支撑。必须追求人与自然和谐共处，环境优化与经济可持续增长的发展目标，坚持生产发展、生活富裕、生态良好的文明发展道路，加快建设资源节约型、环境友好型社会。必须促进经济社会与资源环境的协调发展，自觉践行绿色文明行为习惯和社会风尚，积极探索可持续经济发展模式和生产生活方式，坚定不移地走中国特色社会主义环境保护新道路。

　　建立健全生态伦理的监督和保障机制应该基于政府对伦理学的重视，以及把伦理学的理论运用于社会职能机构的决心和行动。

　　在全社会范围内设立生态伦理委员会是建立和健全生态伦理体系的重要监督和保障机制之一，但它至今仍是一件具有开拓性的工作。伦理委员会应该是由相关领域的专业人员、法律专家及其他非专业人员组成的独立组织，其职责应该是稽查所申报的相关活动和举措是否合乎道德，并确保该活动或者举措所涉及人群的安全、健康和权益，以及所涉及地区的生态环境等受到保护。伦理委员会的组成和一切活动都不应该受到活动申报者或者实施者的干扰和影响。但是，当前的"伦理委员会"仅仅局限于医学领域，即"医学伦理委员会"。近几年的有关报道可以证明，医学伦理委员会确实在医学领域发挥了应有的积极作用。如果把这个扩延至全社会，在全社会范围内设立生态伦理委员会，必将对建立和健全生态伦理体系起到重要的监督和保障作用。根据职责的不同，生态伦理委员会可以分为两种。一种是咨询性质的伦理委员会，有代表性的就是环保部设立的伦理委员会。它的职责包括:针对重大伦理问题进行研究讨论，提出政策咨询意见；必要时可组织对重大科研项目的伦理审查；对辖区内下层伦理委员会的伦理审查工作进行指导、监督。第二种是作为审查性质的机构伦理委员会，其职责是承担伦理审查任务，对本机构或所属机构的相关技术应用项目进行伦理审查和监督；根据社会需要，受理委托审查；组织开展相关伦理培训。我们应该把伦理委员会的概念推而广之，在各级决策部门增加一个伦理评议的过程，此举必将把那些不具有可持续性、只顾眼前利益的形象工程扼杀于萌芽状态。当然，这个生态伦理委员会应该独立于决策部门，具有独立收集相关数据并作出判断的能力。

从政府层面来讲，坚持把生态优先的发展理念贯穿于城市升级全过程，将会为建立健全生态伦理体系提供监督和政府保障。把生态优先的发展理念贯穿于城市升级的全过程，并将生态绩效纳入相关各类考核体系，确保新建项目符合环境友好型、资源节约型要求，这将有利于生态环境的良性发展。与此同时，实施生态补偿制度，鼓励次发达地区珍惜和保护生态资源、从容发展，政府发挥规划引领作用，提高控制性规划覆盖率；完善规划实施监督机制，坚持规划刚性原则，确保项目按规划有序推进。

虽然生态伦理委员会概念没有被明确提出，但是这个概念一直在国家对相关事宜的管理中有所渗透。缺乏规划的土地开发将逐步侵蚀城市中尚存的一些空地，而工业化和城镇化进程还对农村耕地使用和生态体系造成了巨大的影响。根据国土资源部提供的数据，1997—2011 年间，全国保有耕地面积减少到 18.2 亿亩，总面积减少了 1.24 亿亩，其中中低产田占耕地面积的 70% 左右。耕地减少过多过快，不仅浪费了大量土地资源，也威胁到国家粮食安全。针对该问题，国家已经开始切实加强土地利用管控和综合整治。为确保耕地保有量不再减少，我国完善了以规划计划管理、基本农田保护、耕地占补平衡等为手段的土地利用管控体系，并开展了城乡建设用地增减挂钩的试点。由于资源供给不足、利用效率较低以及污染和环境损害对资源获得途径的破坏，一些城市面临较大的资源供给压力。随着城市人口的增多，城市对各种资源（供水以及能源服务等）的需求将成倍增长，面临严峻的挑战，尤其是那些位于北方缺水地区的大型城市。中国城镇化的空间布局与资源环境承载能力不相适应的问题越来越突出，一个突出的表现就是城市缺水问题的进一步恶化。中国的大部分资源都集中在西部地区，但是恶劣的自然环境使得那里的资源开采成本比较高。国际经验表明，从城市化中期到城市化完成阶段，一个国家对能源的需求增速最快；当城市化完成之后，能源消费增速就开始趋缓。因为中国还处于城镇化发展的中期，因此未来数十年内，中国能源需求将持续上升。一些欧盟国家以及日本都面临严峻的资源约束，但是通过采取合理的管理措施和规划，如建设"紧凑型城市"等，在合理、有效利用资源方面取得了非常显著的成效。

不断恶化的城市环境将给人类和生态系统的健康造成严重的负面影响，亟须引起各界重视。要解决环境问题，需要构建一套有别于过去的成本收益度量体系。环境保护领域的投资将会给人类和生态系统的健康带来巨大的收益，然而这些收益往往很难量化为以货币单位衡量的数字。因此，必须设计出更好的方法来测度环境保护投资的实际成本。中国的城市应该选择更具可持续性和宜居性的符合生态文明建设要求的发展路径。而健康的城镇化发展不仅应该妥善应对城市所面临的各种挑战，而且应该抓住发展带来的良好机遇，实现社会公平，使经济发展更有活力、居住环境更为友好。而这些方面都与"公平""效率""可持续性""创新"以及"安全"等问题密切相关。

当然，任何一个新的、系统事件的出现都不可能一蹴而就，在我国构建生态伦理体系也是如此。雾霾的根源——气候变化不是唯一的生态威胁，森林砍伐和对土壤以及水资源的过度开发可能威胁人类生活所需的淡水资源以及其他必要的可再生资源的获取。我们必须清醒地意识到：妥善应对生态危机，完善生态伦理结构，建设生态文明，降低生态风险，在全社会构建生态伦理体系，已刻不容缓。

本篇小结

从伦理学的角度谈论气候变化问题，落脚点还是在气候变化问题的伦理应对上。人们之所以如此重视这个问题，归根结底是因为人们发现人类发展问题正是气候变化问题的本质，人们谈气候变化问题其实也是换个角度在谈人类发展问题。

应对气候变化的对话中，对"平等"的追求已经远远超越发达国家与发展中国家的界限，但是不同的主体对平等又有着不同的理解。不平等的发展绝不是可持续的人类发展。为了达成区域利益和全球利益、共同责任和有区别的责任、权利和义务在公平意义上的平衡状态，人类社会发展过程中应该做到平等和可持续发展二者兼顾。人类社会的发展不光要纵向的平等，更要横向的平等。如果我们只是纠缠于代际公正而不把考虑代内公正作为基础和起点，就会严重违反普遍性原则，并且气候代内公正问题不解决，当代人就不可能自觉地去关注气候代际公正问题，更难以在实践中真正解决气候代际公正问题。气候公正是解决气候变化问题的最终诉求，是基于平等的可持续发展。践行气候公正，需要有约束力的国际协定与之相呼应。实现气候公正需要世界各国对全球气候危机有一种义无反顾的责任感，有承担这项责任的决心和恒心。气候变化问题已经不仅仅是一个生态问题，它已经逐渐渗透到经济、政治等和人类命运相关的各个领域，成为一个真正意义上的全球问题。

解决全球问题，需要全球的共同价值观来指导。构建人类命运共同体的理念是在扬弃西方近代文明、继承包容性发展理念的基础上深化丰富而得来的。人类命运共同体这一全球价值观包含相互依存的共同利益观、可持续发展观和全球治理观，蕴含丰富的伦理价值。人类命运共同体思想契合全球气候公正的伦理诉求。构建全球气候公正是人类命运共同体价值观深入人心的重要形式。人类命运共同体理念是构建全球气候公正的重要保障。

　　普惠性是人类发展的基本原则，人类发展必须惠及每一个人。气候变化威胁到贫困和边缘化群体的生命和生计。应对气候变化应当与普惠性人类发展的目标相一致。人类发展必须惠及每一个人，而且也能够惠及每一个人。气候公正是解决气候变化问题的最终诉求。普惠性人类发展可以为气候公正的实践提供指导，还可以成为监督气候公正是否在实践中得到遵循的依据。可持续发展是气候公正的指导思想，普惠性人类发展则是实践气候公正的道德机制。它契合气候公正的伦理诉求，为气候公正的实现提供了新视角。

　　达成应对气候变化的具体战略之所以如此繁复，是因为它直接涉及国家经济结构的核心。以习近平总书记为核心的党中央给我们选择了一条既合人类目的又合自然规律的生态发展新路。自党的十八大以来，习近平总书记无论是外出调研还是参加中共中央政治局的集体学习，都反复强调生态文明建设的重要性。习近平生态文明思想契合气候公正的伦理诉求，为实现人与自然的高度和谐发展提供了理论基础和制度实践的可能性。在世界气候谈判中，中国经历了一个由积极参与到积极倡议的历程。中国应对气候变化的发展理念是习近平生态文明思想题中应有之义；中国应对气候变化的新态势是习近平生态文明思想在气候应对领域的生动展现。

结　语

气候变化给我们带来了前所未有的威胁，并给世界上最贫困和最弱势的人口带来了最直接的威胁。世界分化已经非常严重，全球气候变暖还在加剧贫富差距，剥夺人们改善生活的机会。展望未来，气候变化很可能带来一场生态灾难。

为了世界上的穷人和我们的后代，我们需要果断采取行动，阻止危险性气候变化的发生。值得庆幸的是现在还为时不晚，机会之门尚未关闭。但是，我们必须清楚地意识到：时间正在一分一秒地流逝！

富裕国家必须率先行动，承担起自己的历史责任。这些国家过去在大气中留下了最深刻的碳足迹，而现实中的他们还具备经济和技术上的实力，能够尽早大幅度减排。但是，这绝对不意味着减排只是富裕国家的事情。实际上，目前的当务之急是要通过国际合作，让富裕国家向发展中国家转让技术，并为发展中国家的低碳之路提供资金援助，以促进发展中国家的能源系统向低碳能源系统过渡。

如今，气候变化已经给我们带来了沉痛的教训。基于平等的可持续发展并不是一个抽象概念，它旨在保持人与地球之间的平衡。这种平衡既能解决当前的贫困问题，又能保护后代子孙的利益。

1963 年，面对古巴导弹危机之后最严峻的冷战，约翰·肯尼迪曾经指出："在这个星球上，人类是不可分割的，具有共同的脆弱性，这是我们这个时代不容分辩的事实。"当时笼罩全世界的是核屠杀的魔影，而今天笼罩我们的是气候变化危机，将温度上升限制在 2℃阈值内是我们避免直面危机的减排目标。危险性气候变化不是短期的紧急事件，并非一朝一夕就能解决。当代人并不能解决所有问题，与气候变化做抗争需要几代人的努力。我们当代人能做的是不断减少温室气体排放量，为人类避免危险性气候变化打开机遇之门，并拓展各种可能性，让子孙后代拿起接力棒，打赢这场战斗！

参考文献

阿尔弗雷德松,艾德,1999.世界人权宣言:努力实现的共同标准 [M].中国人权研究会组织,译.成都:四川人民出版社.

艾尔斯,2001.转折点:增长范式的终结 [M].戴星翼,黄文芳,译.上海:上海译文出版社.

岸根卓郎,1999.环境论:人类最终的选择 [M].何鉴,译.南京:南京大学出版社.

薄燕,2016.《巴黎协定》坚持的"共区原则"与国际气候治理机制的变迁 [J].气候变化研究进展,12(3):243-250.

波斯纳,维斯巴赫,2011.气候变化的正义 [M].李智,张键,译.北京:社会科学文献出版社.

曹孟勤,2004.人性与自然:生态伦理学哲学基础反思 [M].南京:南京师范大学出版社.

曹孟勤,徐海红,2010.生态社会的来临 [M].南京:南京师范大学出版社.

曹荣湘,2010.全球大变暖:气候经济、政治与伦理 [M].北京:社会科学出版社.

陈新夏,2009.可持续发展与人的发展 [M].北京:人民出版社.

陈鑫,南丽军,2018.全球正义视角下的国际气候谈判 [J].经济师(6):24-25,27.

陈迎, 2002. 中国在气候公约演化进程中的作用与战略选择 [J]. 世界经济与政治(5): 15-20.

陈迎, 2018. 从波恩会议看国际气候治理的新形势及中国应对 [J]. 环境保护, 46(Z1): 8-11.

陈迎, 2019. 全球"弃煤"进程前景与我国的应对策略 [J]. 环境保护, 47 (1): 20-26.

成强, 2015. 环境伦理教育研究 [M]. 南京: 东南大学出版社.

大须贺明, 2001. 生存权论 [M]. 林浩, 译. 北京: 法律出版社.

戴尔, 2010. 气候战争 [M]. 冯斌, 译. 北京: 中信出版社.

德马科, 等, 1997. 现代世界伦理学新趋向 [M]. 石毓斌, 廖申白, 程立显, 等译. 北京: 中国青年出版社.

德斯勒, 帕尔森, 2012. 气候变化: 科学还是政治? [M]. 李淑琴, 等译. 北京: 中国环境科学出版社.

邓拉普, 布鲁尔, 2019. 穹顶之下的战役: 气候变化与社会 [M]. 洪大用, 马国栋, 译. 北京: 中国人民大学出版社.

丁大同, 2007. 国家与道德 [M]. 济南: 山东人民出版社.

董德利, 2012. 气候变化的政治经济学述评 [J]. 经济与管理评论(4): 25-32.

董亮, 2016. 全球气候治理中的科学评估与政治谈判 [J]. 世界经济与政治(11): 62-83, 158-159.

杜宁, 1997. 多少算够: 消费社会与地球的未来 [M]. 毕幸, 译. 长春: 吉林人民出版社.

杜悦英, 2017. 气候谈判的波恩"接力"[J]. 中国发展观察(22): 20-22.

樊纲, 2010. 走向低碳发展: 中国与世界: 中国经济学家的建议 [M]. 北京: 中国经济出版社.

樊浩, 2001. 伦理精神的价值生态 [M]. 北京: 中国社会科学出版社.

方秋明, 2009. 为天地立心, 为万世开太平: 约纳斯责任伦理学研究 [M]. 北京: 光明日报出版社.

傅前明, 2010. 论国际环境法 "共同责任" 原则 [J]. 山东师范大学学报(人文社会科学版)(4): 97-100.

郭刚, 侍晓倩, 2012. 气候变化与国家利益博弈的哲学思考 [J]. 阅江学刊(3): 23-27.

郭云涛, 2005. 中国的发展必须突破能源制约 [J]. 中国煤炭(3): 12, 14.

国务院新闻办公室, 1991. 中国的人权状况 [R]. 北京: 中央文献出版社.

何建坤, 刘滨, 陈文颖, 2004. 有关全球气候变化问题上的公平性分析 [J]. 中国人口·资源与环境(6): 12-15.

胡鞍钢, 2009. 中国应对全球气候变化 [M]. 北京: 清华大学出版社.

黄卫华, 曹荣湘, 2010. 气候变化: 发展与减排的困局: 国外气候变化研究述评 [J]. 经济社会体制比较(1): 76-82.

霍顿, 1998. 全球变暖 [M]. 戴晓苏, 石广玉, 董敏, 等译. 北京: 气象出版社.

基斯, 2000. 国际环境法 [M]. 张若思, 译. 北京: 法律出版社.

吉登斯, 2009. 气候变化的政治 [M]. 曹荣湘, 译. 北京: 社会科学文献出版社.

吉拉尔德特, 2011. 城市·人·星球 [M]. 薛彩荣, 译. 北京: 电子工业出版社.

纪玉山, 赵洪亮, 2012. 发展权视角下的国际碳博弈策略选择 [M]// 中华外国经济学说研究会. 外国经济学说与中国研究报告(2012). 北京: 社会科学文献出版社: 275-279.

江泽民, 1995-09-28. 正确处理社会主义现代化建设中的若干重大关系 [N]. 人民日报.

姜冬梅,张孟衡,陆根法,2007.应对气候变化[M].北京:中国环境科学出版社.

柯布,2017.为了共同的福祉:重塑面向共同体环境和可持续未来的经济[M].北京:中央编译出版社.

克莱顿,贾斯廷,海因泽克,2015.有机马克思主义:生态灾难与资本主义的替代选择[M].孟献丽,于桂凤,张丽霞,译.北京:人民出版社.

克里斯蒂安·阿扎,2012.气候挑战解决方案[M].杜珩,杜珂,译.北京:社会科学文献出版社.

拉尔夫,1993.我们的家园:地球[M].夏荃堡,译.北京:中国环境科学出版社.

拉兹洛,1997.决定命运的选择[M].李吟波,等译.上海:上海三联书店.

雷毅,2000.环境伦理与国际公正[J].道德与文明(1):24-27.

李滨,2009.建设道德制高点:中国对外关系必须面对的新挑战[J].江苏社会科学(6):18-24.

李春林,2010.气候变化与气候正义[J].福州大学学报(哲学社会科学版)(6):45-50.

李德顺,2011.怎样看"普世价值"?[J].哲学研究(1):3-10.

李东燕,2000.对气候变化问题的若干政治分析[J].世界政治与国际关系(8):66-71.

李凤华,2011.我们能否共同求生:对哈丁救生艇理论的逻辑批判[J].哲学动态(3):73-80.

李惠斌,2008.生态文明与马克思主义[M].北京:中央编译出版社.

李俊峰,徐华清,崔成,2011.减缓气候变化:原则、目标、行动及对策[M].北京:中国计划出版社.

李伦,2011.网络传播伦理的建构路径[J].道德与文明(2):96-100.

李培超,2000.伦理拓展主义的颠覆:西方环境伦理思潮研究 [M].长沙:湖南师范大学出版社.

李培超,2011.中国环境伦理学本土化建构的应有视域 [J].湖南师范大学社会科学学报,40(4):25-30.

李培超,2011.中国环境伦理学的十大热点问题 [J].伦理学研究(6):83-92.

李培超,2011.自然的伦理尊严 [M].南昌:江西人民出版社.

李寿源,2003.世界经济政治与国际关系 [M].北京:北京广播学院出版社.

李伟,2009.全球气候变化、低碳经济与碳预算 [J].国际展望(2):69-81.

李晓元,2006."共同体人伦":马克思人的本质理论的新视域 [J].社会科学辑刊(4):28-32.

李昕蕾,任向荣,2011. 欧盟 — 东盟地区间的气候合作 [J].国际关系学院学报(3):91-98.

李欣,2009."气候变化与中国的国家战略"学术研讨会综述 [J].国际政治研究(4):170-177.

李增伟,张亮,2013-11-25.华沙气候大会达成协议 [N].人民日报.

李志晖,杨元勇,陈莹,2012-11-30.直击多哈会议五大焦点方 [N].上海科技报.

联合国环境与发展大会,1993.21世纪议程 [M].国家环境保护局,译.北京:中国环境科学出版社.

林而达,2010.气候变化与人类:事实、影响和适应 [M].北京:学苑出版社.

林红梅,2006.论可持续发展的合理内涵 [J].西南农业大学学报(社会科学版)(2):107-110.

刘晗,2012.气候变化视角下共同但有区别责任原则研究 [D].青岛:中国海洋大学.

刘洪岩,2017. 全球气候谈判:困境与出路 [J]. 中国经济报告(12):59-60.

刘建华,1999. 生态环境问题的认识论根源 [J]. 内蒙古大学学报(人文社会科学版)(6):29-33.

刘湘溶,2000. 人类共同利益:生态伦理学必须高扬的旗帜 [J]. 道德与文明(6):41-46.

刘学谦,杨多贵,周志田,等,2010. 可持续发展前言问题研究 [M]. 北京:科学出版社.

刘元玲,2009. 从碳循环与政策周期的视角看我国经济发展与环境保护 [J]. 国际关系学院学报(2):44-50.

刘振明,1999. 可持续发展观的伦理思考 [J]. 道德与文明(4):37-40.

娄伶俐,2008. 双层次博弈理论框架下的国际环境合作的实质 [J]. 世界经济与政治论坛(2):117-121.

卢风,2009. 从现代文明到生态文明 [M]. 北京:中央编译出版社.

卢梭,1980. 社会契约论(中译本)[M]. 李平沤,译. 北京:商务印书馆.

陆德生,2013. 简论生存权和发展权是首要的基本人权 [J]. 安徽行政学院学报(2):62-68.

陆丕昭,2011. 关于气候变化问题的全球政治博弈论析 [J]. 华中师范大学学报(人文社会科学版)(11):1-5.

罗尔斯,1988. 正义论 [M]. 何怀宏,何包钢,廖申白,译. 北京:中国社会科学出版社.

罗勇,2008. 全球气候变化形势与应对 [J]. 时事报告(8):9-18.

马建英,2010. 美国气候变化研究述评 [J]. 美国研究(1):116-130.

马建英,2011. 国际气候制度在中国的内化 [J]. 世界经济与政治(6):91-121.

马克思,恩格斯,1972. 马克思恩格斯选集(第3卷)[M]. 北京:人民出版社.

马克思,恩格斯,1976.马克思恩格斯全集(第 42 卷)[M].北京:人民出版社.

马克思,恩格斯,1995.马克思恩格斯选集(第 1 卷)[M].北京:人民出版社.

马克思,恩格斯,2009.马克思恩格斯文集(第 9 卷)[M].北京:人民出版社.

麦克迈克尔,2000.危险的地球 [M].罗蕾,王晓红,译.南京:江苏人民出版社.

聂文军,2007.西方伦理学专题研究 [M].长沙:湖南师范大学出版社.

牛华勇,2018.《巴黎协定》后的全球气候治理趋势 [J].区域与全球发展,2 (1):69-80,155-156.

牛庆燕,2010.生态视域中的"伦理 — 道德悖论"与生态难题 [J].甘肃社会科学(3):233-236.

诺斯科特,2010.气候伦理 [M].左高山,唐艳枚,龙运杰,译.北京:社会科学文献出版社.

彭立威,2009.论生态文明时代的人格臻善 [J].湖南师范大学社会科学学报(1):31-33.

彭立威,2012.论生态人格:生态文明的人格目标诉求 [J].教育研究(5):21-26.

普雷斯托维茨,2004.流氓国家:谁在与世界作对 [M].王振西,张兰琴,刘庆雪,等译.北京:新华出版社.

齐琳,2017.气候伦理引导气候谈判的可行性及原则 [J].国际论坛,19 (1):7-13,79.

钱皓,2010.正义、权利和责任:关于气候变化问题的伦理思考 [J].世界经济与政治(10):58-72.

秦大河,王馥棠,赵宗慈,等,2009.气候变化对农业生态的影响 [M].北京:气象出版社.

饶异,2010.互惠利他理论的社会蕴意研究 [J].广东社会科学(2):60-66.

佘正荣,2002.中国生态伦理传统的检释与重建 [M].北京:人民出版社.

沈湘平,2011.反思价值共识的前提 [J].学术研究(3):5-8.

沈晓阳,2007.正义论经纬 [M].北京:人民出版社.

施耐德,1998.地球:我们输不起的实验室 [M].诸大建,周足翼,译.上海:上海科学技术出版社.

史军,2011.气候变化背景下的全球正义探析 [J].阅江学刊(6):75-79.

史军,2011.气候变化科学不确定性的伦理解析 [J].新华文摘(5):140-141.

世界环境与发展委员会,1997.我们共同的未来 [M].王之佳,柯金良,等译.长春:吉林人民出版社.

世界银行,2010.2010年世界发展报告:发展与气候变化[M].北京:清华大学出版社.

司徒博,2008.环境与发展:一种社会伦理学的考量 [M].邓安庆,译.北京:人民出版社.

斯特恩,2016.尚待何时?应对气候变化的逻辑、紧迫性和前景 [M].齐晔,译.大连:东北财经大学出版社.

斯托姆,2013.资本主义与气候变化 [J].侯小菲,谢良峰,译.国外理论动态(2):88-99.

苏建军,2002.试论国际环境公正的基本原则 [J].上海师范大学学报(6):28-37.

苏建军,2006.论可持续发展的基本伦理准则 [J].华东师范大学学报(哲学社会科学版)(3):86-91.

孙法柏,丁丽,2009.后京都时代气候变化协议缔约国义务配置研究 [J].山东科技大学(社会科学版)(5):16-22.

孙庆斌,2009.为他人的伦理诉求 [M].哈尔滨:黑龙江大学出版社.

孙友详,戴茂堂,2009.论西方正义思想的内在张力 [J].伦理学研究(4):86-91.

唐代兴,2015. 生境伦理的实践方向 [M]. 上海:上海三联书店.

唐代兴,2015. 抑制气候失律与恢复气候生境的道德原则 [J]. 井冈山大学学报(社会科学版),36 (2):34-43.

唐代兴,2017. 从正义到公正:全球气候治理的普适道德原则 [J]. 晋阳学刊(2):78-86.

唐凯麟,2001. 伦理学 [M]. 北京:高等教育出版社.

唐凯麟,2009. 西方伦理学经典命题 [M]. 南昌:江西人民出版社.

唐颖侠,2015. 国际气候变化治理:制度与路径 [J]. 天津:南开大学出版社.

陶正付,2009. 气候外交背后的利益博弈 [J]. 中国社会科学院研究生院学报(1):125-130.

田海平,2003. 从"本体思维"到"伦理思维":对哲学思维路向之当代性的审查 [J]. 学习与探索(5):7-11.

田海平,2008."环境进入伦理"的两种道德哲学方案 [J]. 学习与探索(6):55-59.

田文利,2009. 国家伦理及其实现机制 [M]. 北京:知识产权出版社.

万俊人,2002. 义利之间:现代经济伦理十一讲 [M]. 北京:团结出版社.

万俊人,2009. 寻求普世伦理 [M]. 北京:北京大学出版社.

王东,2011-02-28. 极端天气和自然灾害肆虐全球 [N]. 学习时报.

王东,2011-12-22. 应对气候变化人类别无选择 [N]. 中国社会科学报.

王东,2012. 气候变化问题:国际政治的较量与利益的博弈 [J]. 学术界(10):45-59.

王建廷,2011. 气候正义的僵局与出路:基于法哲学与经济学的跨学科考察 [J]. 当代亚太(3):80-95.

王克, 夏侯沁蕊, 2017.《巴黎协定》后全球气候谈判进展与展望 [J]. 环境经济研究, 2 (4): 141-152.

王南林, 朱坦, 2001. 可持续发展环境伦理观: 一种新型的环境伦理理论 [J]. 南开学报(哲学社会科学版)(4): 69-76.

王棋, 陈鑫, 班宁煜, 等, 2018. 生态公民权视角下中国参与国际气候谈判问题探析 [J]. 经济师(9): 66-67, 69.

王苏春, 徐峰, 2011. 气候正义: 何以可能、何种原则 [J]. 江海学刊(3): 130-135.

王伟光, 刘雅鸣, 2017. 气候变化绿皮书: 应对气候变化报告(2017)[R]. 北京: 社会科学文献出版社.

王伟光, 郑国光, 2009. 应对气候变化报告(2009)[R]. 北京: 社会科学文献出版社.

王伟光, 郑国光, 2011. 气候变化绿皮书: 应对气候变化报告(2011)[R]. 北京: 社会科学文献出版社.

王伟光, 郑国光, 2016. 气候变化绿皮书: 应对气候变化报告(2016)[R]. 北京: 社会科学文献出版社.

王伟男, 2010. 国际气候话语权之争初探 [J]. 国际问题研究(4): 19-24.

王小钢, 2010. "共同但有区别的责任" 原则的适用及其限制:《哥本哈根协议》和中国气候变化法律与政策 [J]. 社会科学(7): 80-89.

王雨辰, 2007. 生态政治哲学何以可能? ——论西方生态学马克思主义的生态政治哲学 [J]. 哲学研究(11): 24-30.

王泽应, 2011. 伦理精神、道德品质与文明盛衰的机理探析 [J]. 齐鲁学刊(6): 72-77.

王正平, 1995. 发展中国家环境权利和义务的伦理辩护 [J]. 哲学研究(6): 37-45.

王正平, 2004. 环境哲学: 环境伦理的跨学科研究 [M]. 上海: 上海人民出版社.

王治河,2015. 走向一种具有中国特色的厚道发展观 [J]. 江苏社会科学(1)：119-129.

韦倩,2013. 应对全球气候变化问题的国际合作：基于经济学的视角 [J]. 学海(2)：142-148.

韦正翔,2006. 国际政治的全球化与国际道德危机：全球伦理的圆桌模式构想 [M]. 北京：中国社会科学出版社.

魏伊丝,2000. 公平地对待未来人类 [M]. 汪劲,王方,王鑫海,译. 北京：法律出版社.

温茨,2007. 现代环境伦理 [M]. 宋玉波,朱丹琼,译. 上海：世纪出版集团,上海人民出版社.

沃德,杜博斯,1997. 只有一个地球：对一个小小行星的关怀和维护 [M]. 长春：吉林人民出版社.

伍艳,2011. 论联合国气候变化框架公约下的资金机制 [J]. 国际论坛(1)：20-26.

希尔曼,斯密斯,2009. 气候变化的挑战与民主的失灵 [M]. 武锡申,李楠,译. 北京：社会科学文献出版社.

习近平,2013-04-08. 共同创造亚洲和世界的美好未来 [N]. 人民日报.

习近平,2018. 携手共命运同心促发展：在 2018 年中非合作论坛北京峰会开幕式上的主旨讲话 [J]. 对外经贸实务(10)：4-7.

习近平,2019. 深化文明交流互鉴共建亚洲命运共同体：在亚洲文明对话大会开幕式上的主旨演讲 [J]. 思想政治工作研究(6)：4-6.

习近平,2019. 深入理解新发展理念 [J]. 社会主义论坛(6)：4-8.

习近平,2019. 推动我国生态文明建设迈上新台阶 [J]. 资源与人居环境(3)：6-9.

习近平,2019. 文明交流互鉴是推动人类文明进步和世界和平发展的重要动力 [J]. 思想政治工作研究(6)：7-9.

习近平, 2019-04-29. 共谋绿色生活, 共建美丽家园 [N]. 人民日报.

习近平, 2019-06-08. 坚持可持续发展 共创繁荣美好世界 [N]. 人民日报.

夏宾, 付加锋, 宗刚, 等, 2012. 国际气候变化谈判制度及谈判进展分析 [J]. 绿色科技(3): 215-218.

向玉乔, 2007. 经济·生态·道德: 中国经济生态化道路的伦理分析 [M]. 长沙: 湖南大学出版社.

向玉乔, 2010. 论道德宽容 [J]. 道德与文明(6): 30-34.

肖兰兰, 2010. 对欧盟后哥本哈根国际气候政策的战略认知 [J]. 社会科学(10): 35-42.

肖雷波, 柯文, 2012. 社会建构论视角下的气候变化研究 [J]. 科学与社会(2): 61-73.

肖群忠, 2001. 人性与道德关系新探 [J]. 甘肃社会科学(5): 12-22.

肖巍, 钱箭星, 2012. "气候变化": 从科学到政治 [J]. 复旦学报(社会科学版)(6): 84-93.

肖显静, 2003. 生态政治: 面对环境问题的国家抉择 [M]. 太原: 山西科学技术出版社.

谢春, 2007. 《寂静的春天》导读 [M]. 长沙: 湖南科学技术出版社.

谢伏瞻, 刘雅鸣, 2018. 气候变化绿皮书: 应对气候变化报告(2018) [R]. 北京: 社会科学文献出版社.

谢军, 2007. 论责任 [M]. 上海: 上海人民出版社.

熊文驰, 马酸, 2009. 大国发展与国际道义 [M]. 上海: 上海人民出版社.

熊焰, 2010. 低碳之路: 重新定义世界和我们的生活 [M]. 北京: 中国经济出版社.

徐保风, 2010. 气候变化伦理研究评述 [J]. 中南林业科技大学学报(社会科学版)(6): 10-12.

徐保风, 2012. 论"共同但有区别的责任"原则的道德合理性 [J]. 伦理学研究(3)：109-115.

徐保风, 2014. 论气候变化问题中的区域利益与全球利益 [J]. 伦理学研究(4)：82-86.

徐保风, 2014. 论气候公正 [J]. 湖南工业大学学报(社会科学版), 19 (5)：81-85.

徐保风, 2014. 气候公正：基于平等的可持续发展 [J]. 湖南大学学报(社会科学版), 28 (3)：129-133.

徐保风, 2018. 论实现气候公正的普惠性道德目标 [J]. 伦理学研究(5)：37-42.

徐保风, 张赓, 2018. 人类命运共同体思想与全球气候公正理念的构建 [J]. 中南林业科技大学学报(社会科学版), 12 (6)：25-28.

严双伍, 高小升, 2011. 后哥本哈根气候谈判中的基础四国 [J]. 社会科学(2)：4-13.

杨春瑰, 2011. 应对气候变化的国际合作创新制度研究：从方法论的角度 [J]. 自然辩证法研究(4)：100-104.

杨华, 2008. 合作与牵制：气候变化的国际法律机制及其应对 [J]. 河北法学(5)：27-33.

杨怀中, 2013. 现代科学技术的伦理反思 [M]. 北京：高等教育出版社.

杨洁勉, 2009. 世界气候外交和中国的应对 [M]. 北京：时事出版社.

杨理堃, 2011. 哥本哈根联合国气候变化大会 [J]. 国际资料信息(2)：38-40.

杨理堃, 李昭耀, 2011. 坎昆气候大会 [J]. 国际资料信息(2)：36-39.

杨敏, 林跃勤, 2013-04-26. 应对气候变化不可缺少道德关怀 [N]. 中国社会科学报.

杨通进, 2007. 环境伦理：全球话语中国视野 [M]. 重庆：重庆出版社.

杨通进, 2008. 全球环境正义及其可能性 [J]. 天津社会科学(5)：18-26.

杨通进,2010. 全球正义:分配温室气体排放权的伦理原则 [J]. 中国人民大学学报(2):2-10.

杨信礼,2007. 科学发展观研究 [M]. 北京:人民出版社.

杨兴,2007.《气候变化框架公约》研究 [M]. 北京:中国法治出版社.

杨永龙,2010. 气候战争 [M]. 北京:中国友谊出版社.

姚才刚,2010-11-09. 民生问题的伦理学意蕴 [N]. 光明日报.

叶笃正,严中伟,马柱国,2012. 应对气候变化与可持续发展 [J]. 中国科学院院刊(3):332-336.

叶三梅,2010. 从哥本哈根会议看西方大国的"气候霸权主义"[J]. 当代世界与社会主义(3):95-99.

于宏源,2007. 国际环境合作中的集体行动逻辑 [J]. 世界经济与政治(5):44-50.

于宏源,2010. 气候变化与全球安全治理:基于问卷的思考 [J]. 世界经济与政治(6):19-32.

余潇枫,2002. 国际关系伦理学 [M]. 北京:长征出版社.

余潇枫,2005. 伦理视域中的国际关系 [J]. 世界经济与政治(1):19-25.

俞吾金,1988. 生存的困惑:西方哲学文化精神探要 [M]. 上海:上海文化出版社.

曾建平,2001. 生态伦理视野中的人类观 [J]. 海南师范学院学报(人文社会科学版)(2):36-42.

曾建平,2007. 环境公正:和谐社会的基本前提 [J]. 伦理学研究(3):59-63.

曾建平,2007. 环境正义:发展中国家环境伦理问题探究 [M]. 济南:山东人民出版社.

曾黎,2005. 全球伦理的建构、价值及其局限 [J]. 江西社会科学(3):70-72.

曾贤刚,朱留财,吴雅玲,2011.气候谈判国际阵营变化的经济学分析 [J].环境经济 (1):39-48.

詹世友,钟贞山,2010."正义是社会制度的首要美德"之学理根据 [J].道德与文明 (3):10-16.

张纯厚,2011.环境正义与生态帝国主义:基于美国利益集团政治和全球南北对立 的分析 [J].当代亚太(3):58-78.

张海滨,2008.环境与国际关系:全球环境问题的理性思考 [M].上海:上海人民出版 社.

张海滨,2009.气候变化与中国的国家战略:王辑思教授访谈 [J].国际政治研究(4): 71-81.

张康之,张乾友,2011.从自我到他人:政治哲学主题的转变 [J].马克思主义与现实 (3):76-84.

张康之,张乾友,2011.在风险社会中重塑自我与他人的关系 [J].东南学术(1):70- 81.

张坤民,潘家华,崔大鹏,2009.低碳发展论(上、下)[M].北京:中国环境科学出版社.

张磊,2010.从哥本哈根会议看全球气候合作前景 [J].国际关系学院学报(4):79-84.

张丽苹,2016.气候变化治理的经济学方案中的伦理省思 [J].南京工业大学学报(社 会科学版),15 (2):12-18.

张胜军,2010.全球气候政治的变革与中国面临的三角难题 [J].世界经济与政治(10): 97-116.

张旺,2008.国际政治的道德基础 [M].南京:南京大学出版社.

张艳林,刘德顺,2001.温室气体减排问题中的公平性与效率问题 [J].中国人口•资 源与环境(4):69-72.

张永香,巢清尘,李婧华,等,2018.气候变化科学评估与全球治理博弈的中国启示[J].科学通,63(23):2313-2319.

张玉堂,2001.利益论:关于利益冲突与协调问题的研究[M].武汉:武汉大学出版社.

张之沧,2002.新全球伦理观[J].吉林大学社会科学学报(4):66-72.

张志强,曲建升,曾静静,等,2009.温室气体排放科学评价与减排政策[M].北京:科学出版社.

张志洲,2009.中国国际话语权的困局与出路[J].绿叶(5):76-83.

章一平,2008.维护人类共同利益的认知与视角[J].深圳大学学报(人文社会科学版)(4):52-56.

赵敦华,2004.人性和伦理的跨文化研究[M].哈尔滨:黑龙江人民出版社.

赵行姝,2016.透视中美在气候变化问题上的合作[J].现代国际关系(8):47-56,65.

赵景来,2003.关于"普世伦理"若干问题研究综述[J].中国社会科学(3):98-103.

赵利群,2011.国际气候合作中的动因与条件[J].生产力研究(4):202-204.

赵汀阳,2005.论道德金规则的最佳可能方案[J].中国社会科学(3):70-79.

郑艳,梁帆,2011.气候公正原则与国际气候制度构建[J].世界经济与政治(6):69-90.

中共中央文献编辑委员会,1993.邓小平文选(第3卷)[M].北京:人民出版社.

中国21世纪议程管理中心,2018.国际应对气候变化科技发展报告[R].北京:科学出版社.

中国经济50人论坛课题组,2010.走向低碳发展:中国与世界[M].北京:中国经济出版社.

周谨平,2008.论代际道德责任的可能性基础[J].江海学刊(3):53-57.

周颖侠, 2009. 国际气候变化条约的遵守机制研究 [M]. 北京：人民出版社, 2009.

庄贵阳, 2000. 温室气体减排的南北对立与利益调整 [J]. 世界经济与政治(4)：76-80.

庄贵阳, 朱仙丽, 赵行姝, 2009. 全球环境与气候治理 [M]. 杭州：浙江人民出版社.

邹骥, 陈吉宁, 张俊杰, 等, 2001. 对布什政府取消控制二氧化碳排放承诺的分析 [J]. 环境保护(5)：36-38.

AHMED S N, ISLAM A, 2013. Equity and justice issues for climate change adaptation in water resource sector[M]. Tokyo: Springer Japan.

ANTIMIANI A, COSTANTINI V, MARKANDYA A, et al., 2017. The green climate fund as an effective compensatory mechanism in global climate negotiations[J]. Environmental science and policy(77): 49-68.

ARMSTRONG A K, KRASNY M E, SCHULDT J P, 2019. Communicating climate change[M]. Ithaca: Cornell University Press.

ARNALL A, HILSON C, MCKINNON C, 2019. Climate displacement and resettlement: the importance of claims-making "from below"[J]. Climate policy, 19(6): 665-671.

BARNEA N, BAZAK B, FRIEDMAN E, et al., 2017. Corrigendum to "onset of η -nuclear binding in a pionless EFT approach" [Phys. Lett. B 771 (2017) 297–302][J]. Physics letters B(775): 364-365.

BRANDSTEDT, 2019. Non-ideal climate justice[J]. Critical review of international social and political philosophy, 22(2): 221-234.

BROWN D A, 2002. American heat: ethical problems with the United States' response to global warming[M]. Lanham, Maryland: Rowman & Littlefield.

CHENG C W, 2019. EcoWisdom for climate justice planning: social-ecological vulnerability assessment in Boston's Charles river watershed[M]//YANG B, YOUNG R F. Ecological wisdom. Singapore: Springer Singapore: 249-265.

CSEH A, 2019. Aligning climate action with the self-interest and short-term dominated priorities of decision-makers[J]. Climate policy, 19(2): 139-146.

DA SILVEIRA M E M, THIAGO S B S, RIBEIRO L P C, et al., 2018. Environmental justice and climate change adaptation in the context of risk society[M].FÁTIMA ALVES, WALTER LEAL FILHO, ULISSES AZEITEIRO. Theory and Practice of Climate Adaptation. Cham: Springer International Publishing.

FALZON D, BATUR P, 2018. Lost and damaged: environmental racism, climate justice, and conflict in the Pacific[M]. Cham: Springer International Publishing.

GARVEY J, 2008. The ethics of climate change: right and wrong in a warming world[M]. London: Continuum Book.

GILLESPIE S, 2019. Climate crisis and consciousness[M].Taylor and Francis.

GLACHANT M, Dechezleprêtre A, 2017. What role for climate negotiations on technology transfer?[J]. Climate policy, 17(8): 962-981.

GOMES C, 2019. Sustainability challenges for Sub-Saharan Africa: vulnerability, justice and human capabilities[M].Cham. Springer International Publishing.

GRASSO M, 2009. Justice in funding adaptation under the international climate change regime[M]. Dordrecht: Springer Netherlands.

GRIFFITHS J, 2019. Fracking in the U.K.: expanding the application of an environmental justice frame[J]. Local environment, 24(3): 295-309.

HARRIS P G, 2003. Fairness, responsibility, and climate change[J]. Ethics & international affairs, 17(1): 149-156.

HENRIQUE K P, TSCHAKERT P, 2019. Contested grounds: adaptation to flooding and the politics of (in) visibility in São Paulo's eastern periphery[J]. Geoforum.

JENKNS K, 2018. Setting energy justice apart from the crowd: lessons from environmental and climate justice[J]. Energy research & social science(39): 117-121.

KEOHANE R O, 2019. Institutions for a world of climate injustice[J]. Fudan journal of the humanities and social sciences, 12 (2): 293-307.

LEVY B S,PATZ J A, 2018. The impact of climate change on public health, human rights, and social justice[J]. Encyclopedia of the anthropocene(2): 435-439.

MCCAULEY D, HEFFRON R, 2018. Just transition: integrating climate, energy and environmental justice[J]. Energy policy(119): 1-7.

MIKULEWICZ M, 2019. Thwarting adaptation's potential? A critique of resilience and climate-resilient development[J]. Geoforum.

MÜLLER B, 2002. Equity in climate change: the great divide[M] Oxford: Oxford Institute for Energy.

NORTHCOTT M S, 2013. Whose danger, which climate? Mesopotamian versus liberal accounts of climate justice[M].Dordrecht: Springer Netherlands.

PAN Y H, Michaël O, BALDWIN V G, 2019. Negotiating climate change: a frame analysis of COP21 in British, American, and Chinese news media[J]. Public understanding of science (Bristol, England).

PEKINS P E, 2019. Local activism for global climate justice[M]. Taylor and Francis.

ROSA L P, MUNASINGHE M, 2002. Ethics, equity and international negotiations on climate change[M].Cheltenham: Edward Elgar Publishing.

SAYEGH A G, 2018. Justice in a non-ideal world: the case of climate change[J]. Critical review of international social and political philosophy, 21(4): 407-432.

SCHNEIDER W, 2012. Regional dialogues on climate change and justice: a synthesis[M]. Dordrecht: Springer Netherlands.

SFORNA G, 2019. Climate change and developing countries: from background actors to protagonists of climate negotiations[J]. International environmental agreements: politics, law and economics, 19 (3): 273-295.

STREEBY S, 2019. Imagining the future of climate change[M].Oakland, California: University of California Press.

THOMAS K A, WARNER B P, 2019. Weaponizing vulnerability to climate change[J]. Global environmental change(57).

TORMOS-APONTE F, García-López G A, 2018. Polycentric struggles: the experience of the global climate justice movement[J]. Environmental policy and governance, 28(4): 284-294.

UNDP, 2007. Human development report 2007/2008 (Fighting climate change: human solidarity in a divided world)[R]. New York: United Nations Development Progamme.

UNDP, 2010. Human development report 2010 (The real wealth of nations: pathways to human development)[R]. New York: United Nations Development Progamme.

UNDP, 2011. Human development report 2011 (Sustainability and equity: a better future for all)[R]. New York: United Nations Development Progamme.

UNDP, 2014. Human development report 2014 (Sustained human progress: reducing vulnerability and building resilience)[R]. New York: United Nations Development Progamme.

UNDP, 2017. Human development report 2016 (Human development for everyone)[R]. New York: United Nations Development Progamme.

URPELAINEN J, VAN DE GRAAF T, 2018. United States non-cooperation and the Paris agreement[J]. Climate policy, 18(7): 839-851.

VAN DEN BERGH J C J M, 2017. Rebound policy in the Paris agreement: instrument comparison and climate-club revenue offsets[J]. Climate policy, 17(6): 801-813.

VAN DEN HOMBERG M, MCQUISTAN C, 2018. Technology for climate justice: a reporting framework for loss and damage as part of key global agreements[M].Cham: Springer International Publishing.

VANDEPITTE E, VANDERMOERE F, HUSTINX L, 2019. Civil anarchizing for the common good: culturally patterned politics of legitimacy in the climate justice movement [J]. International journal of voluntary and nonprofit organizations, 30(2): 327-341.

WEIKMANS R, ROBERTS J T, 2019. The international climate finance accounting muddle: is there hope on the horizon?[J]. Climate and development, 11(2): 97-111.